WISSENSCHAFTLICHE JUGENDKUNDE
ERGEBNISSE UND DOKUMENTE
HERAUSGEGEBEN VON W. HAGEN UND H. THOMAE

Heft 5

Die Dynamik des Wachstums

Somatometrische Analyse der Variabilität des menschlichen Wachstums nach Individualverläufen

Von
Edmund Scholz

19 63

JOHANN AMBROSIUS BARTH · MÜNCHEN

Veröffentlichung der
Wissenschaftlichen Arbeitsgemeinschaft für Jugendkunde, Bonn

Der Arbeit liegen für die ersten 8 Lebensjahre Berliner Beobachtungen von Charlotte Scholz, vom 6. — 16. Lebensjahr die Messungen der Wissenschaftlichen Arbeitsgemeinschaft für Jugendkunde — Wilhelm Hagen und Hans Thomae — an deutschen Nachkriegskindern zugrunde.

Der Autor des Heftes

Dr. phil. Edmund Scholz, Berlin 30, Lindauer Str. 9

ISBN-13: 978-3-540-79685-5 e-ISBN-13: 978-3-642-86234-2
DOI: 10.1007/978-3-642-86234-2

Vorwort

Die Wissenschaftliche Arbeitsgemeinschaft für Jugendkunde hat in 10 Jahren von ca. 2500 Kindern jährlich je 15 Körpermaße gesammelt.

Die mathematische Bearbeitung dieses Materials hat Dr. phil Edmund SCHOLZ übernommen. In diesem Heft entwickelt er eine neue Methode, die Wachstumsgeschwindigkeit von Größe und Gewicht zu analysieren und über die Dynamik des Wachstums etwas auszusagen.

Die Bearbeitung weiterer Maße und Indices wird folgen. Der Autor vertritt seine eigene Meinung. Sie ist so gewichtig, daß sie jedenfalls einen wesentlichen Beitrag zur Wachstumsforschung darstellt.

Die notwendigen Mittel wurden aus einem Forschungsauftrag des Bundesgesundheitsamtes zur Verfügung gestellt.

Die Herausgeber

Inhalt

Einleitung

In der medizinischen Literatur finden sich auffallend viele verschiedene und teilweise sogar direkt entgegengesetzte Meinungen und Behauptungen zum menschlichen Wachstum. SCHMALHAUSEN, RÖSSLE, BÖNING u. a. haben die Ansicht vertreten, daß das Wachstum ein einheitlicher Prozeß sei und deswegen nur künstlich in Phasen eingeteilt werden könne. Die anscheinenden Formwandelphasen müßten auf einer subjektiven Täuschung des Untersuchers beruhen. Demgegenüber wird von vielen Forschern auch heute noch die Existenz von Wachstumsphasen vertreten. Die aufgestellten Phaseneinteilungen sind jedoch nicht übereinstimmend. Die von STRATZ vorgeschlagene Phaseneinteilung in abwechselnde Phasen der „Streckung“ und der „Fülle“ ist heute weitgehend verlassen worden. Im Augenblick steht die von ZELLER aufgestellte Einteilung in 3 Phasen, die durch den sogenannten 1. und 2. Gestaltwandel des Kindes voneinander getrennt sein sollen, im Mittelpunkt der Diskussion. Zum 1. Gestaltwandel geben jedoch W. LENZ und H. STUTTE die kritische Bemerkung, daß den von ZELLER gebrachten Zahlen nicht entnommen werden könne, daß sich der 1. Gestaltwandel als eine Zäsur des gesamten Wachstumsgeschehens aus dem kontinuierlichen Formwandel des Kindes heraushebe. Bezüglich des 2. Gestaltwandels fand ich zur Behauptung von ZELLER, daß er mit einem mächtigen Wachstumsnachschub der unteren Extremitäten beginne, daß KISTLER und WEISSENBERG bereits vor mehr als 30 Jahren mittels nicht weiter zu beanstandender statistischer Untersuchungen zum entgegengesetzten Ergebnis gelangt sind, daß im Beginn der Pubertätsphase ein verstärktes Stammlängenwachstum einsetzt.

Ferner sind vielerlei graphische Darstellungen des individuellen Wachstumsverlaufs vorgeschlagen worden, aus denen leicht zu entnehmen sein solle, ob das Kind gedeihe, ob es ein Über- oder Untergewicht habe usw. All diese Vorschläge sind aber mathematisch wesentlich voneinander verschieden. Das heißt, wenn ein und derselbe individuelle Wachstumsverlauf in allen vorgeschlagenen Methoden zur graphischen Darstellung gebracht wird, so liefert jede Methode eine Kurve von anderer Form. Da aber verschiedene Kurvenformen nach dem absolut verschieden gelegenen Anstieg und Abfall der Kurven ebenso viele verschiedene Beurteilungen des individuellen Wachstumsablaufs nach sich ziehen, erhebt sich wieder die Frage, welche von den vielen Methoden die „richtige“ sei.

Besonders undurchsichtig und verworren ist die Situation auf dem Gebiet der sogenannten Indexzahlen. Eine Reihe von Indexzahlen sind in der Absicht aufgestellt worden, daß damit der Ernährungszustand beurteilt werden könne. Die Pädiater mußten jedoch empirisch dazu feststellen, daß zu häufig ein zu großer Unterschied zum klinischen Blick besteht. Weiter bemüht man sich, die „Indexmethode" für die Körperbaudiagnostik dienstbar zu machen. Alle kritischen Untersuchungen der Pädiater über die „Eignung" der Indexmethode führten bisher zu keinem befriedigenden Ergebnis.

Es soll deshalb versucht werden, eine Methode zu finden, nach der es möglich ist, die Bearbeitung der somatometrischen Wachstumserhebungen unter einer rationalen Sicht vorzunehmen, die nicht mehr der geschilderten Vielfalt der subjektiven Meinungsverschiedenheiten zugänglich ist. Sie soll im folgenden abgeleitet werden.

Ich gehe von zwei allgemeinen Beobachtungen aus:

1.) Die Körperform des Kindes ändert sich im Laufe des Wachstums bald schneller und bald langsamer. Z. B. ist die Körperform eines 6-jährigen Kindes stärker verschieden von derjenigen, die es im Alter 4 J. hat, und weniger verschieden von derjenigen im Alter 8 J.

2.) Das Wachstum eines Kindes kann bald langsamer und bald schneller verlaufen, indem z. B. seine Körperlänge in 2 Jahren mehr oder weniger als in den davorliegenden 2 Jahren zunimmt.

Die wissenschaftliche Erforschung solcher Beobachtungen beginnt mit der Lösung der folgenden beiden Aufgaben: 1.) Die objektiv zutreffende Erklärung für das subjektiv Gesehene zu ermitteln und 2.) festzustellen, ob bestimmte Beobachtungen in der Regel beim individuellen Wachstum zu machen sind, wie oft das individuelle Wachstum einen anderen Verlauf hat und wie die individuellen Abweichungen des Wachstums beschaffen sind.

Die 1. Aufgabe hat folgenden Sinn: Es wird allgemein angenommen, daß die Erscheinung einer bald schnelleren und bald langsameren Formwandlung nur darauf zurückgehen könne, daß sich die Wachstumsgeschwindigkeiten der einzelnen Körpermaße ändern. Demgemäß versucht man, aus der wahrgenommenen Änderung der Körperform anschaulich intuitiv zu entnehmen, wie sich dabei die Wachstumsgeschwindigkeiten der Körpermaße geändert haben müßten. Von den somatometrischen Wachstumserhebungen erwartet man in erster Linie eine Bestätigung der intuitiven mathematischen Erklärung des Gesehenen. Falls diesbezügliche somatometrische Untersuchungen keine befriedigende Übereinstimmung mit der intuitiven Konzeption liefern, wird angenommen, daß vielleicht nicht die „richtige" Indexzahl oder nicht die "richtige" Methode verwendet wurde, und es wird versucht, das „richtige" Verfahren zu finden.

Mathematisch ist es jedoch keineswegs selbstverständlich, daß die Erscheinung einer bald schnelleren und bald langsameren Formwandlung unbedingt auf Änderungen bei den Wachstumsgeschwindigkeiten der Körpermaße zurückgehen muß. Ein einfaches Gegenbeispiel ist z. B.:

Man nehme an, daß die Wachstumsgeschwindigkeiten zweier Körpermaße (z. B. von Bein- und Stammlänge) konstant bleiben. Es ist dann leicht zu zeigen, daß der Proportionalindex $\frac{\textit{Beinlänge}}{\textit{Stammlänge}}$ in der üblichen absoluten Darstellung mit dem Alter als Abszisse eine Kurve liefert, die exakt eine Hyperbel ist. Je nach dem, welche Größe die Ausgangswerte von Bein- und Stammlänge im untersuchten Wachstumsabschnitt und die Jahresraten von Bein- und Stammlänge haben, liegt die Hyperbel irgendwie im Achsenkreuz. Dabei ist es ohne weiteres möglich, daß der Scheitel der Hyperbel, in dem die stärkste Kurvenkrümmung vorhanden ist, in den untersuchten Wachstumsabschnitt fällt. In diesem Fall ändert der Proportionalindex seinen Wert in der Nähe des Hyperbelscheitels bedeutend schneller als in weiterer Entfernung davon. Dies ist ebenfalls eine mögliche Erklärung dafür, daß uns die Formwandlung bald schneller und bald langsamer zu verlaufen scheint, ohne daß dabei Änderungen bei den Wachstumsgeschwindigkeiten von Bein- und Stammlänge stattzufinden brauchen.

Hieraus folgt, daß es keineswegs stimmt, daß ein Übergang von einer schnelleren zur langsameren Formwandlung (und umgekehrt) die Folge einer Änderung bei den Wachstumsgeschwindigkeiten der Körpermaße sein muß. Welches Verhalten der Wachstumsgeschwindigkeiten in Wirklichkeit vorliegt, kann nur die Betrachtung der Wachstumskurven der Körpermaße zeigen. Diese Untersuchung liefert dann die „objektive mathematisch geometrische Erklärung" für das nach den Maßstäben unseres subjektiven räumlich sinnlichen Anschauungsvermögens Wahrgenommene.

Der Sinn der 2. Aufgabe wird besonders betont durch das meist übliche Vorgehen, aus einem Beobachtungsgut von individuellen Wachstumsverläufen zuerst den mittleren Wachstumsverlauf aus dem Beobachtungsgut zu berechnen und ihn als Grundlage für die Formulierung allgemeiner Wachstumsgesetzlichkeiten zu nehmen. Diesem Vorgehen liegt die Annahme zugrunde, daß das, was die Mittelwertverläufe zu erkennen geben, „die Regel" beim Wachstum sei. Ob diese intuitive Annahme zutrifft, ist jedoch leicht nachprüfbar, indem direkt nach den Individualverläufen untersucht und ausgezählt wird, wie häufig bestimmte Wachstumserscheinungen überhaupt auftreten. Es wird sich nachher herausstellen, daß die Variabilität des menschlichen Wachstums diese intuitive Annahme nicht bestätigt.

Nach dem bisherigen methodischen Stand der Erforschung des menschlichen Wachstums konnten die beiden genannten Aufgaben nicht einer unwidersprochenen Beantwortung zugeführt werden, weil dem Pädiater keine einfachen und trotzdem zulänglichen Verfahren zur direkten Erfassung der Wachstumsgeschwindigkeiten der Körpermaße bekannt sind, insbesondere für die Anwendung beim individuellen Wachstumsverlauf. Ferner ist an der bisherigen Behandlung der Probleme von mathematischer Sicht zu beanstanden, daß im allgemeinen nicht die mathematischen Grundformeln, die den Zusammenhang zwischen der sichtbaren äußeren Formwandlung und dem Verlauf der Wachstumsgeschwindigkeiten der Körpermaße darstellen, in Anwendung kommen. Die Heranziehung dieser Formeln ist jedoch notwendig, wenn Fehlschlüsse sicher vermieden werden sollen.

Allgemein gesagt, ist die Methodik der Auswertung somatometrischer Wachstumserhebungen insofern noch unvollständig, als nicht diejenigen Methoden in genügendem Maße angewendet werden, die von der Mathematik speziell für das längsschnittmäßige Eindringen in das Gefüge der Wachstumsgeschwindigkeiten der Körpermaße bei einem Formwandelprozeß entwickelt worden sind. Mein eigentlicher Beitrag zur Wachstumsforschung besteht darin, daß ich aus der mathematischen Literatur diejenigen Ausführungen heranziehe, die speziell für den Einsatz in der Auswertung somatometrischer Wachstumserhebungen geeignet sind, und sie gleich in der Einkleidung wachstumstheoretischer Problematik bringe. Ferner versuche ich, sie allgemeinverständlich zu schildern, so daß sich für den mathematisch Unbewanderten von selbst eine Einführung in die mathematischen Grundlagen längsschnittmäßiger Wachstumsanalyse ergibt. Ich hielt es für zweckmäßig, die mathematischen Bemerkungen mit der praktisch wichtigen Untersuchung der inter- und intrapersonellen Variabilität des Körperlängen- und Körperfülleverlaufs zu verweben, indem ich sie erst an denjenigen Stellen bringe, wo sie benötigt werden. Dies hat für den Pädiater die beiden Vorteile, daß er sich unmittelbar davon überzeugen kann, daß die mathematischen Ausführungen wirklich benötigt werden, und daß er nur mit solchen bekannt gemacht wird, die speziell bei der Erforschung des menschlichen Wachstums aktuell sind. Daß die Ausführungen zu einigen Punkten langatmiger ausfallen, als an und für sich notwendig ist, hängt damit zusammen, daß damit irrtümliche intuitive Behauptungen mathematischen Charakters, die sich in der medizinischen Literatur finden, berichtigt werden.

Was meine methodischen Ausführungen betrifft, so wird der Biologe und Wachstumsforscher eine sehr große Ähnlichkeit mit denen von L. v. BERTALANFFY feststellen, insofern ich ebenfalls davon ausgehe, daß das Eindringen in das Gefüge der Wachstumsgeschwindigkeiten der Körperteile und -organe die sachgerechte Grundlage einer Wachstumsanalyse ist, weil das Wachstum ein in der Zeit ablaufender Prozeß ist. Es besteht jedoch der folgende grundlegende Unterschied zu den Konzeptionen v. BERTALANFFY's in seinem Werk „Theoretische Biologie". V. BERTALANFFY versucht, eine „theoretische

Biologie" zu begründen, die in Bezug auf die empirischen Befunde zu den Wachstumserscheinungen die analoge Rolle wie die „theoretische Physik" in Bezug auf die Ergebnisse der Experimentalphysik spielt. Ich hingegen verknüpfe die Einsicht, daß die Analyse der Formwandlung nach dem Verhalten der Wachstumsgeschwindigkeiten der zweckmäßige Ausgangspunkt ist, mit dem Tatbestand, daß es die Fähigkeiten unseres subjektiven räumlichen Anschauungsvermögens bei weitem übersteigt, aus der individuellen Formwandlung, wie wir sie in der äußeren Wirklichkeit wahrnehmen, sicher und exakt entnehmen zu können, durch welches individuelle Verhalten der Wachstumsgeschwindigkeiten der Körpermaße sie zustande gekommen ist. Hieraus folgt dann, daß die durch somatometrische Wachstumserhebungen ermöglichte Einsicht in das individuelle Verhalten der Wachstumsgeschwindigkeiten der Körpermaße die Rolle spielt, den Bereich unserer empirischen Befunde zur Variabilität des Wachstums zu erweitern, indem dadurch auch noch das Erscheinungsgebiet der Wachstumsgeschwindigkeiten für objektive empirische Befunde zugänglich gemacht wird. In diesem Sinne stehen die folgenden Ausführungen noch vollkommen auf dem Boden empirischer Wachstumsbeobachtung.

v. BERTALANFFY spricht von der „dynamischen Morphologie" als einem Sondergebiet der „theoretischen Biologie". Von meinem empirischen Standpunkt aus kann ich auch von einer „dynamisch morphologischen Betrachtungsweise somatometrischer Wachstumserhebungen" sprechen, indem ich darunter verstehe, durch Untersuchung des Verhaltens der Wachstumsgeschwindigkeiten der Körpermaße einen empirischen Einblick in das Wirken von Wachstumskräften zu gewinnen.

Nach mathematischem Sprachgebrauch ist die Untersuchung über den Formwandelablauf nach dem Verlauf der Wachstumsgeschwindigkeiten der Körpermaße als „Analyse" der Formwandlung zu bezeichnen. In diesem Sinne führe ich im folgenden eine „somatometrische Analyse der Variabilität des menschlichen Wachstums nach Individualverläufen" durch, worunter zu verstehen ist, daß die individuellen Wachstumsunterschiede nach den Unterschieden bei den Verläufen der Wachstumsgeschwindigkeiten der Körpermaße und nicht nach dem äußeren Erscheinungsbild der Formwandlung vollständig geschildert und besprochen werden.

I. Abschnitt: Grundsätzliche allgemeine und methodische Erörterungen zur längsschnittmäßigen Wachstumsanalyse.

1. Die mathematische Grundform längsschnittmäßiger somatometrischer Wachstumsanalyse.

Für die sogenannte „querschnittsstatistische Normwertung" des Kindes ist charakteristisch, daß ihr die Hypothese über die Existenz eines einzigen schlechthin „normalen" und eindeutig beschreibbaren Wachstumsverlaufs zugrunde gelegt wird. Als weitere Hypothese wird hinzugenommen, daß die Individualverläufe nur „Varianten" des „normalen" Wachstums in dem Sinne seien, daß das individuelle Wachstum in jedem Zeitpunkt des Wachstumsalters rein zufällig vom programmäßigen Verlauf „bald nach oben und bald nach unten" abweichen könne. Aus diesen beiden Hypothesen folgt mathematisch, daß dann das „Normalwachstum" mit hinreichend großer Genauigkeit durch arithmetische und andere Mittelbildungen aus den in jedem Alter erhobenen Körpermaßen der Kinder einer genügend großen Stichprobe aus der Gesamtbevölkerung zu berechnen sein müßte. Die im Zeitpunkt der Untersuchung erhobenen individuellen Befunde werden dann in bekannter Weise nach ihrer mehr oder minder großen numerischen Abweichung vom zutreffenden „Durchschnittswert" beurteilt. Werte, die außerhalb der sogenannten „Variationsbreite des Normalen" liegen, gelten als „höchstwahrscheinlich abwegig" bzw. „pathologisch".

Der Pädiater mußte jedoch konstatieren, daß alle die ihm vorgelegten Methoden querschnittsstatistischer Normwertung klinisch nicht so befriedigend funktionieren, wie man es erhofft hatte. Die Beurteilung nach der querschnittsstatistischen Normwertung steht zu häufig nicht in Übereinstimmung mit dem „klinischen Blick des Pädiaters".

Wie der Leser weiß, kam man dann in zunehmendem Maße zu der Einsicht, daß diese Art der Beurteilung des kindlichen Wachstums nicht ausreiche, sondern daß noch eine „längsschnittmäßige" Wachstumsbeurteilung hinzukommen müsse. Bei der Beurteilung des Entwicklungsstandes des Kindes im Zeitpunkt der Untersuchung müsse auch der gesamte vorangegangene Entwicklungsverlauf mit in Erwägung gezogen werden. Zur Durchführung dieses

Gedankens wird meist der Weg eingeschlagen, daß die in früheren Untersuchungen ebenfalls auf der Basis rein querschnittsstatistischer Normwertung gewonnenen Beurteilungen mit zum Vergleich herangezogen werden. Dieses Vorgehen kann nicht als „unrichtig" bezeichnet werden. Es ist jedoch noch die Frage möglich, ob es das zweckmäßigste Vorgehen ist und ob nicht auf direktem Wege, d.h. zunächst ohne Bezugnahme auf die übliche querschnittsstatistische Normwertung ein Verfahren längsschnittmäßiger Wachstumsanalyse entwickelt werden könnte, das klinisch zulänglicher und genauer den wahren Sachverhalt erkennen läßt. Diesbezüglich führt die folgende nach mathematischer Manier durchgeführte logische Analyse des Begriffs „längsschnittmäßig" zu der Einsicht, daß der eigentliche Kern einer längsschnittmäßigen Wachstumsbeurteilung bei der direkten Betrachtung des Verhaltens der Wachstumsgeschwindigkeiten der Körpermaße liegt.

In dem Begriff „längsschnittmäßig" ist enthalten, daß aufeinanderfolgende Wachstumsstände des Kindes miteinander verglichen werden. Eine „längsschnittmäßige Betrachtungsweise" von z.B. der Formwandlung eines Kindes kann nur den Sinn haben, daß studiert wird, in welcher individuellen Weise sich die verschiedenen Körperformen der aufeinanderfolgenden Altersklassen auseinander entwickeln, wie sukzessive aus der Körperform im Alter n Jahre die vom Alter n + 1 J., aus dieser wieder die vom Alter n + 2 J. usw. hervorgeht.

Der elementare mathematisch somatometrische Begriff, der zwei nicht allzu weit, z.B. im Abstand von 1 Jahr voneinander entfernte Wachstumsstände miteinander verbindet, ist jedoch der der Wachstumsgeschwindigkeit (z.B. Jahresrate) eines Körpermaßes. Wenn die Werte der Hauptkörpermaße im Alter n—1 J., und die Jahresraten der Hauptkörpermaße im n-ten Lebensjahr gegeben sind, so ist damit auch eindeutig die Körperform im Alter n Jahre (im großen nach den Hauptkörpermaßen) mitgegeben. Somit stellen die Jahresraten mathematisch die Verbindung zwischen den beiden Körperformen im Alter n—1 und n Jahre her. Daher beherrscht man mit der Kenntnis der Verläufe der Wachstumsgeschwindigkeiten der Hauptkörpermaße zugleich auch den Verlauf der Formwandlung, wie sie uns in der äußeren Wirklichkeit nach dem Verlauf der kontinuierlichen Proportionsverschiebung zwischen den Hauptkörpermaßen erscheint.

Diese Art der Beschreibung einer Formwandlung, die von der Betrachtung des Verlaufs der Wachstumsgeschwindigkeiten der Hauptkörpermaße ausgeht und dann die sich aus dem Verlauf der Wachstumsgeschwindigkeiten ergebenden Proportionsverschiebungen zwischen den Körpermaßen ableitet, wird vom Mathematiker als „Analyse" der (in der äußeren Wirklichkeit wahrnehmbaren) Formwandlung bezeichnet.

Hierzu ist weiter auszuführen: Einmal ist es eine allgemeine Erfahrungstatsache, daß die mathematisch einfachsten Gesetzmäßigkeiten, die zwischen den Wachstumsgeschwindigkeiten der verschiedenen linearen Bestimmungsstücke (Körpermaße) einer Raumfigur bestehen können, im allgemeinen für unser subjektives räumlich sinnliches Anschauungsvermögen bereits so komplizierte und undurchsichtige kontinuierliche Formwandlungen erzeugen, daß es uns praktisch unmöglich ist, aus dem äußeren Erscheinungsbild der Formwandlung die zugrunde liegende einfache Gesetzmäßigkeit bei den Wachstumsgeschwindigkeiten zu erkennen. Wegen der mangelhaften Fähigkeiten unseres subjektiven räumlich sinnlichen Anschauungsvermögens zu mathematischer Analyse bietet daher von vornherein nur der Weg des direkten Studiums des Verhaltens der Wachstumsgeschwindigkeiten die größte Chance, auf empirischem Wege die hinter dem äußeren Erscheinungsbild der Formwandlung stehenden einfachen mathematisch statistisch formulierbaren Gesetzmäßigkeiten zu entdecken.

Zweitens kann auch noch folgende biologisch dynamisch plausible Begründung für das Vorgehen gegeben werden: Die im Zeitpunkt der Untersuchung vorhandene Körperform des Kindes ist das Ergebnis des gesamten vorangegangenen Wachstumsverlaufs, sagt jedoch nichts über die Wachstumstätigkeit im einzelnen aus, die zur Zeit der Untersuchung (praktisch in den letzten 1—3 Jahren vor der Untersuchung) besteht. Die einzige uns somatometrisch zugängliche Größe, die ein direkter unmittelbarer Ausfluß der Wachstumstätigkeit ist, die zu irgend einem Zeitpunkt des Wachstumsalters grade vorhanden ist, ist die jährliche, vierteljährliche oder monatliche Zunahme eines Körpermaßes. Ein z. B. mehr oder minder plötzliches Auftreten oder Ausfallen von Wachstumskräften und -einflüssen kann sich unmittelbar und direkt nur in einer spontanen Veränderung der Wachstumsgeschwindigkeit eines oder mehrerer Körpermaße zu erkennen geben. Deswegen kann nur die direkte Betrachtung der Wachstumsgeschwindigkeiten der Hauptkörpermaße der zweckmäßige Zugang für die Erforschung von Wachstumskräften und -einflüssen vom Somatometrischen her sein.

Schließlich sei noch folgende allgemeine mathematische Argumentation erwähnt. Für irgend einen in der Zeit ablaufenden Prozeß besteht das eigentliche mathematische Charakteristikum darin, daß alle durch Messung verfolgbaren „Bestimmungsstücke des Vorganges" (beim Wachstum eines Organismus sind z. B. die Körpermaße solche „Bestimmungsstücke") in jedem Zeitpunkt eine bestimmte Änderungsgeschwindigkeit (beim Wachstum: Wachstumsgeschwindigkeit) besitzen. Wenn die Geschwindigkeiten während der ganzen Zeit des Prozeßablaufs stets den Wert Null hätten, dann würden alle Bestimmungsstücke von Anfang bis Ende des Prozesses einen konstanten Wert beibehalten und man hätte dann keinen Prozeßablauf vor sich. Daher besteht die mathematisch „naturgemäße" Erfassung und Analyse eines Prozeßablaufs in der Erfassung und Untersuchung des Zeitverlaufs der Änderungsgeschwindigkeiten der Bestimmungsstücke und in der Eruierung der gegenseitigen Beziehungen zwischen den Geschwindigkeiten und den absoluten Werten der Bestimmungsstücke.

2. Exposition der Unzulänglichkeit unseres subjektiven räumlichen Anschauungsvermögens für die längsschnittmäßige Analyse der Formwandlung.

Die Behauptung, daß es uns im allgemeinen subjektiv unmöglich ist, aus der wahrgenommenen Formwandlung des Organismus das ihr zugrunde liegende Verhalten der Wachstumsgeschwindigkeiten mathematisch richtig zu erkennen (was nachher noch genauer bewiesen wird), ist von grundlegender Bedeutung für die Wachstumsdiagnostik. Sie besagt nämlich, daß die Wachstumsgeschwindigkeit als solche praktisch nicht der unmittelbaren sinnlichen Wahrnehmung zugänglich ist, sondern nur aus laufenden Wachstumsbeobachtungen errechnet oder nur vermittels einer passenden graphischen Darstellung des Wachstumsverlaufs dem Auge unmittelbar sichtbar gemacht werden kann. Dies bedeutet in diagnostischer Hinsicht, daß die an den absoluten Wachstumskurven erhobenen Befunde über das Verhalten der Wachstumsgeschwindigkeiten der Körpermaße im Vergleich zu allen übrigen somatoskopischen und klinischen Befunden dieselbe Rolle spielen wie z. B. die Befunde bei den Elektrokardiogrammkurven im Vergleich zu allen übrigen klinischen Herzbefunden oder wie die Befunde über den Verlauf der Temperaturkurve im Vergleich zu allen übrigen Krankheitssymptomen und klinischen Untersuchungsbefunden. Diese geben nämlich ebenfalls eine neue und sicherere Information über eine andere Seite des biologisch gesunden oder krankhaften Geschehens, die nach den übrigen Untersuchungsmethoden nicht mit gleicher Genauigkeit, wenn überhaupt, erfaßbar ist.

Wenn nun aus der sinnlich wahrnehmbaren Formwandlung praktisch unmöglich der wahre Verlauf der Wachstumsgeschwindigkeiten der Körpermaße exakt zu entnehmen ist, dann gibt der durch eine laufende somatometrische Wachstumskontrolle zu gewinnende wahre Verlauf die „geometrische Erklärung" für den gesehenen Formwandelverlauf. In diesem Sinne wird das Wort „Erklärung" allgemein in der Mathematik verwendet, die ja nur mit den formalen numerischen Zusammenhängen in mathematischen Gebilden zu tun hat. Die eigentliche „biologische Erklärung" besteht dann in der Angabe der Ursachen, warum die Wachstumsgeschwindigkeiten grade in der gefundenen Form verlaufen. Somit läuft der Zusammenhang zwischen der biologischen Ursache und der äußeren Erscheinung über das Zwischenglied der Wachstumsgeschwindigkeiten, indem biologische Gründe den Verlauf der Wachstumsgeschwindigkeiten der Körpermaße bestimmen und dieser Verlauf wieder eindeutig die wahrzunehmende Formwandlung nach sich zieht. Dieser Weg ist auch in umgekehrter Richtung zu durchlaufen, indem der Verlauf der Wachstumsgeschwindigkeiten die geometrische Erklärung für die Formwandlung und biologische Ursachen die Erklärung für das Verhalten der Wachstumsgeschwindigkeiten abgeben.

Es sei jetzt einer der einfachsten der vielen mathematischen Beweise dafür gebracht, daß wir aus der Formwandlung, wie wir sie sinnlich wahrnehmen, unmöglich den Verlauf der Wachstumsgeschwindigkeiten mathematisch richtig erkennen können.

Die Verschiedenheit der Körperform zwischen 2 Kindern oder zwischen 2 verschiedenen Alterspunkten bei einem Kind charakterisieren wir somatoskopisch u. a. nach der Verschiedenheit des Proportionsverhältnisses $\frac{y}{x}$ aus 2 verschiedenen Körpermaßen y und x. Deshalb wird der subjektive somatoskopische Eindruck von der Formwandlung eines Kindes nach solchen *„Proportionalindizes"* wie z.B. dem *„proportionellen Brustumfang"* $\left(\frac{\text{mittlerer Brustumfang}}{\text{Körperlänge}}\right)$, der *„Rumpf-Extremitäten-Relation"* $\left(\frac{\text{Rumpflänge}}{\text{Beinlänge}}\right)$, der *„relativen Schulterbreite"* $\left(\frac{\text{Schulterbreite}}{\text{Körperlänge}}\right)$, dem *„Livi*-Index" $\left(\frac{\text{3. Wurzel aus Körpergewicht}}{\text{Körperlänge}}\right)$ usw. kontrolliert. Die zwischen 2 Zeitpunkten t_1 und t_2 erfolgte Formwandlung wird dann durch die „Verschiebung"

$$dV = \frac{y_2}{x_2} - \frac{y_1}{x_1} \qquad (1)$$

des Proportionalverhältnisses $V = \frac{y}{x}$ „gemessen".

Der springende Punkt liegt bei der Frage, welche längsschnittmäßigen Schlüsse wird aus dem Verlauf der (z. B. jährlichen) Verschiebung dV des Proportionalindex $V = \frac{y}{x}$ auf das Verhalten der Jahresraten $dy = (y_2 - y_1)$ und $dx = (x_2 - x_1)$ der beiden Körpermaße y und x ziehen können.

Zwischen den (im Schulalter z. B. jährlichen) Zunahmen dV, dx und dy von V, x und y gilt nun die Beziehung:

$$\frac{dV}{V} = \frac{dy}{y} - \frac{dx}{x} \,. \qquad (2)$$

Diese Formel ist in jeder Formelsammlung zur Differentialrechnung unter den ersten und ihre Ableitung in jedem Schulbuch zu finden. Der mit 100 multiplizierte Ausdruck $\frac{dV}{V}$ bedeutet die jährliche prozentuale positive oder negative Zunahme des Proportionalindex V. Die beiden Größen $\frac{dy}{y}$ und $\frac{dx}{x}$ sind in der Wachstumsforschung unter der Bezeichnung „relative Wachstumsgeschwindigkeit" oder, mit 100 multipliziert, als die jährlichen prozentualen Zunahmen der Körpermaße y und x bekannt. In Worten lautet daher die Formel *(2): Die jährliche prozentuale Änderung des Proportionalindex* $\frac{y}{x}$ *ist gleich der jährlichen prozentualen Zunahme des Zählers y vermindert um die jährliche prozentuale Zunahme des Nenners x.*

Da die rechte Seite von (2) die Differenz zweier prozentualen Zunahmen ist, ist unmittelbar ersichtlich, daß aus einer Änderung der prozentualen Zunahme von V nicht zu entnehmen ist, wie sich dabei längsschnittmäßig die beiden prozentualen Zunahmen von x und y je für sich verhalten haben. Um die Anschauung zu fixieren, nehme man z. B. an, daß y die Beinlänge und x die Stammlänge bedeutet, und daß die jährliche prozentuale Zunahme von V, wie es im Pubertätsbeginn häufig (aber nicht immer) der Fall ist, größer geworden ist. Dies kann folgende wachstumsdynamisch ganz verschiedene Ursachen haben: Eine Möglichkeit ist, daß die prozentuale Zunahme der Stammlänge unverändert geblieben ist und sich nur die prozentuale Zunahme der Beinlänge vergrößert hat. Dies würde dann einen echten (isolierten) Beinlängenschub bedeuten. Zweitens kann aber auch die prozentuale Zunahme der Beinlänge unverändert geblieben sein und es hat sich die prozentuale Zunahme der Stammlänge verringert. In diesem Fall würde es sich um eine (isolierte) Verzögerung des Stammlängenwachstums handeln. Schließlich ist noch denkbar, daß sich die beiden prozentualen Zunahmen von Stamm- und Beinlänge gleichzeitig um denselben Faktor k (größer als 1) vervielfachen, was die Vervielfachung der prozentualen Zunahme von V um denselben Faktor k nach sich zieht. Dann bleibt das Zahlenverhältnis zwischen den beiden prozentualen Zunahmen von y und x (längsschnittmäßig verfolgt) unverändert, so daß als naheliegende wachstumsdynamische Deutung nur in Frage kommt, daß eine Beschleunigung des Gesamtwachstums gleichzeitig die prozentualen Zunahmen von x und y um dasselbe Vielfache k vergrößert hat.

Wie man sieht, kann also die Vergrößerung der prozentualen Zunahme eines Proportionalindex durch 3 vollkommen verschiedene wachstumsdynamische Sachverhalte erzeugt werden. Welcher in Wirklichkeit zutrifft, ist nur zu entscheiden, indem die Verläufe der beiden prozentualen Zunahmen von x und y

direkt untersucht werden. Diese prozentualen Zunahmen der einzelnen Körpermaße sind jedoch kein Merkmal, das wir unmittelbar blickmäßig an der Formwandlung erfassen können, sondern es wird nur der Endeffekt ihres Zusammenspiels als stattgefundene Veränderung bei den Proportionsverhältnissen der Körperform nach einem längeren Zeitraum wahrgenommen.

Ich möchte noch bemerken, daß der Tatbestand der Unzulänglichkeit des somatoskopischen Eindrucks bereits von L. v. BERTALANFFY in seiner Bedeutung für die Wachstumsforschung erfaßt und herausgestellt wurde. In seinem Werk „Theoretische Biologie" bedient er sich jedoch zur Erreichung einer gewissen Allgemeinverständlichkeit physikalischer Analogiebeispiele. Wie ich feststellen konnte, wird demgegenüber vom Mediziner und Biologen vielfach von vornherein das Argument gebraucht, daß physikalische Vorgänge nicht mit Lebensvorgängen vergleichbar seien und somit Analogien zu physikalischen Beispielen nichts besagen. Deshalb erschien es mir angebracht, den vorstehenden direkten mathematisch geometrischen Beweis zu bringen, um zu zeigen, daß es auch direkte Begründungen gibt.

3. Unzweckmäßigkeit der graphischen Wachstumsdarstellungen, die die Abweichung des Istwertes vom Mittelwert aus der Durchschnittsbevölkerung wiedergeben.

Da somit die direkte Betrachtung der Verhaltensweisen der Wachstumsgeschwindigkeiten der Körpermaße nach somatometrischen Wachstumserhebungen nicht durch ein bequemes blickdiagnostisches oder somatoskopisch intuitives Vorgehen in entsprechender und zulänglicher Exaktheit zu ersetzen ist, erhebt sich die praktische Frage nach einer bequemen und sicheren Methode der Auswertung der somatometrischen Wachstumserhebungen. Die Entwicklung der Wachstumsforschung hat es mit sich gebracht, daß man sich hierbei auch wieder zuerst mit einer Alternative auseinandersetzen muß.

Wegen der Vermutung, daß die Mittelwertverläufe der Körpermaße aus der Durchschnittsbevölkerung auch in biologisch zureichendem Maße den „biologisch normalen" Wachstumsverlauf darstellen, ist es weitgehend üblich geworden, den individuellen Wachstumsverlauf mit dem durchschnittlichen Wachstumsverlauf zu vergleichen. Hierbei sind an sich wieder zwei verschiedene Vorgehensweisen möglich. Erstens kann man in dasselbe Achsenkreuz den individuellen und den durchschnittlichen Wachstumsverlauf nebeneinander einzeichnen und beide Kurven nach ihrer verschiedenen Lage und Verlaufsform unmittelbar miteinander vergleichen. Dies würde von mathematischer Sicht den vollständigen absoluten Vergleich des Individualverlaufs mit dem Durchschnittsverlauf ergeben. Man hat dieses Vorgehen jedoch nicht zur allgemeinen Anwendung gebracht, sondern ist dazu übergegangen, gleich die Abweichung

$$D = x - m_x \qquad (3)$$

des individuellen Körpermaßes x von seinem Mittelwert m_x aus der Durchschnittsbevölkerung zu berechnen und die klinische Beurteilung an den Wert von D und seiner graphischen Darstellung anzuschließen.

Der unbefangene Beobachter vermag nun meiner Erfahrung nach im allgemeinen nicht auf unmittelbar anschaulich intuitiver Basis einzusehen, warum es etwas ausmachen könnte, ob man nach erstgenannter Methode den individuellen Wachstumsverlauf an sich mit dem durchschnittlichen Wachstumsverlauf an sich vergleicht, oder ob man gleich die Abweichung D berechnet und danach die Beurteilung trifft. Worin der wesentliche Unterschied liegt, zeigt jedoch unmittelbar die Formel (3) für die Abweichung D. Man hat es hier wieder wie bei Formel (2) mit einer Differenz $(x - m_x)$ zu tun, deren Altersverlauf sowohl von der Wachstumsgeschwindigkeit des individuellen Maßes x wie von der des Mittelwertes m_x abhängt. Aus (3) folgt nämlich unmittelbar: Die jährliche Änderung von D ist gleich der individuellen Jahresrate von x vermindert um die Jahresrate des Mittelwertes m_x. Hieraus ergibt sich weiter: *Die (längsschnittmäßige) Änderung der jährlichen Zunahme von D ist gleich der (längsschnittmäßigen) Änderung der individuellen Jahresrate von x, vermindert um die (längsschnittmäßige) Änderung der Jahresrate von* m_x.

Um somit aus dem Altersverlauf von D ersehen zu können, in welcher Weise sich die individuelle Jahresrate von x im Laufe des Wachstums absolut geändert hat, müßte man zu der Änderung der (positiven oder negativen) jährlichen Zunahme von D die entsprechende Änderung der Jahresrate des Mittelwertes m_x addieren. Es ist aber praktisch unmöglich, unmittelbar anschaulich diese Korrektur nach der längsschnittmäßigen Änderung der Jahresrate des Mittelwertes m_x in Anwendung zu bringen, ohne die absolute Verlaufskurve von m_x daneben zu halten. Wenn man daher nur den Altersverlauf von D vollkommen isoliert für sich allein betrachtet, ist es praktisch unmöglich, mit genügend großer Genauigkeit zu erkennen, wie sich die individuelle Wachstumsgeschwindigkeit absolut verhalten hat.

Dies möge folgendes Beispiel illustrieren:

Bei der mittleren Körperlänge aus der Durchschnittsbevölkerung beginnt bei den Knaben im Alter 9 J. eine Verminderung der Längenrate, für die im folgenden die Bezeichnung „präpuberale Längenhemmung" verwendet wird, und im Alter 13 J. folgt darauf ein erneuter Anstieg der Längenrate, der „puberale Längenschub". Für den Individualverlauf nehme man einen spätpuberierenden Knaben, der in gleicher Weise wie der Mittelwertverlauf eine präpuberale Längenhemmung und einen puberalen Längenschub hat, jedoch mit dem Unterschied, daß diese beiden Ereignisse bei ihm 2 Jahre später einsetzen, weil er eben ein Spätpuberierender ist. Die Abweichung D der individuellen Körperlänge x vom Mittelwertverlauf m_x muß nun mathematisch notwendig sowohl auf die Geschwindigkeitsänderungen von x wie auch auf die von m_x reagieren.

Somit reagiert sie zum ersten Male im Alter 9 J. mit einer verstärkten Zunahme ihres Wertes, weil hier beim (in *D* mit negativem Vorzeichen stehenden) Mittelwert die präpuberale Längenhemmung einsetzt, ohne daß zu gleicher Zeit beim Individualverlauf etwas passiert. Zum zweiten Male reagiert *D* im Alter 11 J. mit einer Verringerung der Zunahme, weil hier beim Individualverlauf die präpuberale Längenhemmung einsetzt, während der Mittelwert noch die gleichmäßige inmitten der präpuberalen Längenhemmung herrschende niedrige Wachstumsgeschwindigkeit hat. Im Alter 13 J. bekommt *D* plötzlich eine noch stärkere Verringerung seiner jährlichen Zunahme, weil beim Mittelwert (negatives Vorzeichen in *D*) der Längenschub beginnt, während sich der Individualwert noch inmitten der präpuberalen Längenhemmung befindet. Schließlich kommt im Alter 15 J. ein verstärkter Anstieg, weil hier beim Individualverlauf der puberale Längenschub einsetzt.

In diesem Beispiel zeigt also der Individualverlauf, was das Eintreten der präpuberalen Längenhemmung und des puberalen Längenschubs anbetrifft, dasselbe Verhalten wie die mittlere Körperlänge aus der Durchschnittsbevölkerung. Der Unterschied liegt nur darin, daß es ein spätpuberierendes Kind ist, so daß die „normalen" Wachstumsereignisse der Pubertät 2 J. später als beim Mittelwertverlauf in Erscheinung treten. Demgegenüber zeigt die Abweichung *D* eine viermalige Änderung ihrer Verlaufsrichtung.

4. Die Undeutlichkeit der üblichen absoluten Wachstumsdarstellung.

Rein theoretisch hat die übliche absolute Darstellung des Wachstums in einem rechtwinkligen Achsenkreuz die Eigenschaft, daß an der Kurvensteigung (Tangens des Neigungswinkels der Kurventangente gegen die x-Achse) die absolute Wachstumsgeschwindigkeit des Körpermaßes y ablesbar ist, wenn das Alter als Abszisse x dient, oder das Verhältnis aus den gleichzeitigen Wachstumsgeschwindigkeiten zweier Körpermaße y und x, wenn das Körpermaß x als Abszisse dient. Diese Darstellung erfüllt jedoch nicht die Forderung, genügend deutlich und genau die Änderungen der Wachstumsgeschwindigkeit, wie sie beim menschlichen Wachstum wirklich auftreten und diagnostisch wichtig sind, nach dem bloßen Betrachten der Kurve erkennen zu lassen. Da die absolute Darstellung viel verwendet wird, ist es angebracht, dies genauer auszuführen.

Man nehme z. B. an, daß bei zwei 6-jährigen Kindern von gleicher Körperlänge die Längenrate von 6,0 bis 9,0 Jahre 6,0 cm/J beträgt, und daß sich dann bei dem einen Kind die Längenrate plötzlich auf 7,5 cm/J erhöht und bei dem anderen auf 4,5 cm/J erniedrigt. Eine Änderung der Längenrate um ± 1,5 cm/J scheint auf den ersten Blick eine „unwesentliche" Wachstumsänderung zu sein. Bedenkt man jedoch, daß sich dann bis zum Alter 13 J. ein Körperlängenunterschied von $4 \cdot 3 = 12$ cm zwischen beiden Kindern einstellt, so sieht man, daß solche anscheinend relativ kleinen Änderungen der Längenrate vollkommen ausreichen, um die häufig zu beobachtenden auffälligen Unterschiede des

Wachstumsverlaufs zwischen verschiedenen Kindern zu erklären. Andererseits folgt hieraus, daß man zum genaueren Studium der Variabilität des Wachstums so genau auf den Wert der Längenrate eingehen muß.

Wenn nun bei der üblichen absoluten Darstellung des Längenwachstums die Maßstäbe auf der Ordinaten- und Abszissenachse z. B. so gewählt worden sind, daß eine Längenrate von 6,0 cm durch einen Kurvenanstieg von 45° (im Vergleich zur Abszissenachse) wiedergegeben wird, dann ist leicht nach elementaren trigonometrischen Überlegungen zu berechnen, daß ein Anstieg der Längenrate von 6,0 auf 7,5 cm bei der absoluten Wachstumskurve ein Abknicken nach oben um einen Winkel von 6,5° hervorruft. Bei einem Abfall der Rate von 6,0 auf 4,5 cm knickt die Kurve um den Winkel von 8° nach unten ab. Solche kleinen Abknickwinkel sind jedoch für unser Auge nicht mehr mit der notwendigen Genauigkeit abschätzbar. Hinzu kommt noch, daß empirische Kurven wegen der kleinen Kurvenschwankungen sowieso eine zusätzliche Unschärfe bezüglich der Bestimmung einer wesentlichen Richtungsänderung haben.

Dies Zahlenbeispiel zeigt, daß die Nichteignung der üblichen absoluten Wachstumsdarstellung zur genaueren Einsicht in das absolute Verhalten der Wachstumsgeschwindigkeiten der Hauptkörpermaße in erster Linie darauf beruht, daß sie die maßgebenden Änderungen der Wachstumsgeschwindigkeiten durch einen absolut zu geringen Winkel bei der Änderung der Verlaufsrichtung der Kurve wiedergibt. Für die dynamisch morphologische Wachstumsbeurteilung muß somit eine andere graphische Wachstumsdarstellung gesucht werden, die speziell die absoluten Geschwindigkeitsänderungen deutlich und hinreichend genau anzeigt. Die im angeführten Zahlenbeispiel herangezogene Erhöhung oder Erniedrigung der Längenrate um ± 1,5 cm müßte z. B. durch einen Abknickwinkel von ungefähr ± 20 oder 30° wiedergegeben werden, damit am Kurvenbild ihre Existenz auf den ersten Blick ersichtlich ist.

5. Allgemein mathematische Begründung des Indikatordiagramms, dargestellt als ein Spezialfall der sogenannten Indexmethode.

Eine solche Kurvendarstellung, die die Änderungen der Wachstumsgeschwindigkeit qualitativ richtig, d.h. konstante Wachstumsgeschwindigkeit durch Geradlinigkeit und plötzliche Vergrößerung oder Verkleinerung der Geschwindigkeit durch respektives Abknicken nach oben oder unten, jedoch mit bedeutend größeren Abknickwinkeln als die übliche absolute Wachstumsdarstellung wiedergibt, braucht nicht erst neu entdeckt zu werden. In der mathematischen Fachliteratur über die sogenannten „geometrischen

Transformationen“ wird gezeigt, daß Kurven der gewünschten Eigenschaften entstehen, wenn mit der üblichen absoluten Wachstumsdarstellung eine sogenannte „Affintransformation“, spezieller eine sogenannte „lineare Abscherung zur Horizontalen“ vorgenommen wird. Ich nehme nur deswegen auf die mathematische Fachliteratur Bezug, weil sie den für den Laien nicht ohne weiteres zu verfolgenden Beweis dafür erbringt, daß diese Lösung die „einzig mögliche“ ist. Die Nennung dieses Ergebnisses könnte somit davon abhalten, vergebliche Zeit und Mühe für das Auffinden einer prinzipiell besseren Lösung aufzuwenden.

Die Lösung selbst ist als solche ohne weiteres verständlich. Sie besteht darin, daß die Konstruktion der üblichen absoluten Wachstumsdarstellung lediglich in der Weise abgeändert wird, daß man nicht von einem rechtwinkligen, sondern von einem schiefwinkligen Achsenkreuz ausgeht. Die Ordinatenachse bleibt senkrecht, während die Abszissenachse bei Anwendung auf das menschliche Wachstum einen stumpfen Winkel von ungefähr 1 1/2 Rechten mit der Ordinatenachse bildet, also nach rechts unten abfällt. Die Kurvenordinate ist nicht senkrecht zur Abszissenachse, sondern parallel zur Ordinatenachse einzutragen.

Wie man sieht, ist die Kurvenkonstruktion an sich nicht komplizierter als die der üblichen absoluten Wachstumskurve, denn die einzige Abänderung ist die, daß man nicht von einer horizontal gezeichneten, sondern von einer nach rechts unten abfallenden geradlinigen Abszissenachse ausgeht. Wie ich bemerkt habe, ergibt sich jedoch schon hierbei für den Nichtmathematiker eine Schwierigkeit, indem er das Kurvenbild dann trotzdem senkrecht zur abfallenden Abszissenachse lesen will und nicht die anschauliche geometrische Wendigkeit aufbringt, die Kurve in Parallelität zur Ordinatenachse zu deuten.

So einfach wie die Konstruktion an sich ist, wird das rein graphische Vorgehen, bei dem jegliche Rechnung fortfällt, doch etwas umständlich, wenn mehrere Körpermaße, wie z. B. Körperlänge, Körpergewicht, Brustumfang und Stammlänge nebeneinander in das Achsenkreuz eingezeichnet werden sollen, damit ein unmittelbarer optischer Vergleich der verschiedenen Kurven möglich ist. Wegen aller genannten äußeren Gründe halte ich es daher für zweckmäßig, die Kurvendarstellung in einem anderen Gewande zu erklären und sie als die g r a p h i s c h e D a r s t e l l u n g der V e r l ä u f e v o n I n d e x z a h l e n bestimmter mathematischer Form hinzustellen. Der Pädiater bleibt dann in ihm geläufigen Gedankengängen und der einzige Unterschied liegt nur darin, daß „Indexzahlen“ von bestimmter (bisher nicht in Betracht gezogener) mathematischer Form zur Anwendung kommen.

Alle Indexzahlen (z. B. Körperbauindizes, Ernährungsindizes usw.), die der Pädiater bisher anwendet oder bezüglich ihrer Anwendbarkeit geprüft hat, sind von der mathematischen Form, daß sie einen Bruch aus sogenannten ganzen algebraischen Ausdrücken darstellen, die je aus den verschiedenen Körpermaßen gebildet werden. Das einfachste Beispiel ist der sogenannte Proportionalindex $\frac{y}{x}$, als der einfache Quotient aus 2 Körpermaßen y und x. Im komplizierteren Fall stehen für y und x ganze algebraische (homogene) Funktionen aus mehreren Körpermaßen. Daß weitgehend solche Brüche verwendet werden, scheint mit der verbreiteten Annahme zusammenzuhängen, daß nur dann „richtige" Ergebnisse herauskommen könnten, wenn die Indexzahl von der physikalischen Dimension Null ist. Der mathematisch physikalische Grundsatz, von dem dies eine auf Mißverständnis beruhende zu enge Auslegung zu sein scheint, verlangt jedoch nur, daß bei Anwendung der Addition (oder Subtraktion) alle Summanden von derselben physikalischen Dimension sein müssen. Dieser Grundsatz folgt wieder aus dem Prinzip, daß ein aus Naturgrößen hergestellter mathematischer Ausdruck nur dann die Eignung hat, ein Naturgesetz wiedergeben zu können, wenn er sich bei Übergang zu anderen Maßeinheiten (z. B. von Zentimetern zu Metern, von Grammen zu Kilogrammen usw.) im ganzen nur mit einem Zahlenfaktor multipliziert, der allein von dem Übergang zu anderen Maßeinheiten abhängt, während sich beim Formelausdruck selbst nichts am mathematischen Aufbau nach Veränderlichen und Koeffizienten ändert. Dieses Prinzip ist auf jeden Fall bei naturwissenschaftlichen Untersuchungen von mathematischem Charakter zu beachten. Aus ihm folgt z. B. nicht, daß brauchbare Körperform- oder Wachstumsindizes von der einfachen Form reiner Proportionalindizes sein müssen. Die entgegengesetzte in der Literatur gelegentlich geäußerte Meinung, daß es überhaupt nicht darauf ankäme, von welcher mathematischen Form eine Indexzahl sei, steht offenbar im Widerspruch zum genannten Prinzip.

So ist z. B. der PIGNET-Index: *(Körperhöhe — Gewicht — Brustumfang)* auf den ersten Blick abzulehnen, weil bei ihm das Gewicht von der Körperlänge subtrahiert werden soll. Hingegen ist z. B. das Zentimetergewicht (QUETELET): $\frac{\textit{Gewicht}}{\textit{Körperhöhe}}$ eine zulässige Bildung, weil sich dieser Ausdruck bei Übergang zu anderen Maßeinheiten mit einem bestimmten Faktor multipliziert, der nur von der Änderung der Maßstäbe abhängt. Soll jedoch das Zentimetergewicht mit einem anderen Ausdruck additiv verknüpft werden, so ist wieder darauf zu achten, daß jener dieselbe physikalische Dimension wie das Zentimetergewicht hat. Wenn der andere Ausdruck eine andere physikalische Dimension hat, dann darf mit ihm multipliziert oder kann die Verhältniszahl aus beiden gebildet werden. Es entstehen dann zwei neue Ausdrücke, von denen jeder wieder seine bestimmte physikalische Dimension hat usw.

Die für die dynamisch morphologische Wachstumsanalyse brauchbaren Indexzahlen, die also die Eigenschaft haben, daß sie qualitativ richtig auf die absoluten Wachstumsänderungen durch starke Änderung des Kurvenverlaufs reagieren, sind alle von der gemeinsamen Form:

$$L = ax + by + c. \qquad (4)$$

Hierin sind x und y entweder beide ein verschiedenes Körpermaß (z. B. Gewicht und Länge) oder nur y ist ein Körpermaß und x das Alter. Die Buchstaben a, b und c bedeuten Konstanten, die zweckmäßig gewählt werden müssen, je nach dem, wie der häufigste Verlauf der Größen x und y beim menschlichen Wachstum liegt. Dem soeben genannten Grundsatz gemäß müssen diese Konstanten auch eine bestimmte wachstumsdynamisch somatometrische Bedeutung und damit die entsprechende physikalische Dimension haben, so daß die 3 Summanden ax, by und c von L alle von gleicher physikalischer Dimension sind.

Im Unterschied zu den in der Wachstumsforschung bisher meist verwendeten Indexzahlen sind also diese Indexzahlen L von der mathematisch denkbar einfachsten Form. Rein äußerlich fällt bei L die Rechenoperation der Division fort und es tritt nur die Multiplikation mit konstanten Faktoren, die für alle Kinder (Knaben und Mädchen) dieselben sind, auf, die durch eine Tabelle auf die Arbeit des Ablesens reduzierbar ist. Der Mathematiker sieht die Dinge etwas anders als der Laie. Man kann sich z. B. die noch unbekannte Funktion für die Gesetzlichkeit des Wachstumsablaufs in eine sogenannte TAYLOR'sche Reihe entwickelt denken, und der lineare Ausdruck L kann in der Rolle der ersten Glieder dieser Reihenentwicklung gesehen werden. Nach den empirischen Abweichungen von L ist bedeutend leichter zu untersuchen, von welcher mathematischen Form das Wachstumsgesetz sein müßte.

Da die linearen ganzen Indexzahlen L den Zweck erfüllen, die absoluten Wachstumsänderungen deutlich aufzuzeigen, nenne ich sie im folgenden „Indikatoren". Sie sind somit das spezielle Handwerkszeug für die dynamisch morphologische bzw. somatometrische längsschnittmäßige Wachstumsanalyse (siehe d. Abknickwinkel in den Abb. 1—19).

Was die übrigen bisher vom Pädiater verwendeten Indizes, die ich unspezifisch als Körperformindizes bezeichnen möchte, anbetrifft, so spielen sie von mathematisch geometrischer Sicht in bezug auf die Fähigkeiten unseres subjektiven räumlich sinnlichen Anschauungsvermögens a priori gewiß zumindest folgende Rolle: Wenn der Index ein Formmerkmal repräsentiert, nach dem wir auch subjektiv einen Körperformunterschied kennzeichnen, z. B. das Verhältnis von Stamm- zu Beinlänge, dann ersetzt die Indexzahl die blickmäßige Abschätzung durch den genauen Wert. Wenn der Index seinem mathematischen Aufbau nach ein Formmerkmal repräsentiert, das wir subjektiv somatoskopisch gar nicht zur Beschreibung von Formunterschieden benutzen oder gar nicht unmittelbar zu sehen fähig sind (wie z. B. das Verhältnis aus der Differenz

Schulterbreite weniger Beckenbreite zur Thoraxtiefe (PLATTNER)), dann wird nach der Auffassung der Geometer die Menge der Formmerkmale, nach denen Körperformen unterschieden werden, um ein Merkmal mehr erweitert, nämlich um dasjenige Formmerkmal, das nur in mathematischer Form durch die betreffende Indexzahl repräsentiert wird.

In dieser Auffassung als eines mathematischen technischen Hilfsmittels, um über die Grenzen unseres subjektiven räumlich sinnlichen Anschauungsvermögens hinauszugelangen, können die Indexzahlen auf jeden Fall in die klinische Diagnostik eingebaut werden. Sie dienen dann entweder zur exakten Fundierung oder zur Erweiterung der zur Diagnose verwendbaren objektiven Unterlagen.

6. Die mathematischen Eigenschaften der Indikatoren.

Für den Pädiater ist es nicht unbedingt notwendig, daß er alle mathematischen Bemerkungen, die jetzt im Text auftreten, versteht. Er kann die Indikatorkurven genau so gut als ein gegebenes Hilfsmittel wie z. B. Elektrokardiogrammkurven hinnehmen. Bei diesen braucht er ja auch nicht genau zu wissen, nach welchen physikalischen Gesetzen die Apparatur funktioniert. Für die Brauchbarkeit zur klinischen Diagnostik genügt es, daß markante Unterschiede in den Kurven bestimmten pathologischen Zuständen fest oder auch nur korrelativ zuordnenbar sind. Für diejenigen Forscher jedoch, die sich damit beschäftigen, die somatometrischen Wachstumserhebungen auf irgend eine Weise durch bestimmte mathematisch graphische Prozeduren der Diagnostik zugänglich zu machen, dürften meine mathematisch kritischen Bemerkungen von größtem Interesse sein. Je nach dem Interesse des Lesers können daher die mathematischen Bemerkungen in folgendem Text entweder überflogen oder als die Hauptsache angesehen werden.

Um mit den Indikatoren umgehen und sie sinnvoll anwenden zu können, ist die Kenntnis ihrer allgemeinen mathematischen Eigenschaften notwendig. Es sei zuerst ein Indikator M von der speziellen Form

$$M = x - at - b \qquad (5)$$

betrachtet, wobei x irgend ein Körpermaß, t das Alter und a und b Konstanten sind.

Man denke sich nun für irgend einen beliebigen Individualverlauf den Verlauf des Indikators M als Kurve in einem rechtwinkligen Achsenkreuz eingetragen, wobei das Alter t die Abszisse und der Wert von $\dot{M}$ die Kurvenordinate ist. Dieser „in üblicher absoluter Darstellung“ gebrachte Kurvenverlauf von

M ist im allgemeinen ein krummliniger, der bald mehr oder weniger ansteigt oder abfällt.

Um nun aus dem Kurvenverlauf irgend einer beliebigen Indexzahl exakte Schlüsse auf den Verlauf der Wachstumsgeschwindigkeiten ziehen zu können, genügt es im allgemeinen nicht, den mehr oder weniger schnellen Anstieg oder Abfall der Kurve zu betrachten und anschaulich intuitiv zu deuten. Man muß dazu noch die mathematische Formel kennen, die die Kurvensteigung (d. h. den Tangens des Neigungswinkels der Kurventangente gegen die x-Achse) mit den Wachstumsgeschwindigkeiten der Körpermaße verbindet, die bei der Indexzahl verwendet werden.

Es sei z. B.

$$y = f(u, v, w) \tag{6}$$

irgend eine Indexzahl y, die aus den Körpermaßen u, v und w gebildet wird und in üblicher absoluter Darstellung einen Kurvenverlauf in Abhängigkeit von Alter t als Abszissenwert liefert. Die Steigung der Kurve y (Tangens des Neigungswinkels gegen die Abszissenachse) möge mit y' bezeichnet werden und u', v' und w' seien die Wachstumsgeschwindigkeiten (Jahresraten) der Körpermaße u, v und w im Alter t. In der Mathematik wird gezeigt, daß dann zwischen der Steigung y' von y und den Jahresraten u', v' und w' eine Beziehung von der Form

$$y' = f_u(u, v, w) \cdot u' + f_v(u, v, w) \cdot v' + f_w(u, v, w) \cdot w' \tag{7}$$

besteht. Hierbei sind $f_u(u, v, w), \ldots, f_w(u, v, w)$ bestimmte Funktionen der Körpermaße u, v und w, die sich eindeutig aus der mathematischen Form der Indexzahl $f(u, v, w)$ ergeben. Diese Funktionen f_u, f_v und f_w muß man also effektiv kennen, um richtige Schlüsse aus dem Kurvenverlauf der Indexzahl $y = f(u, v, w)$ auf die Wachstumsgeschwindigkeiten u', v' und w' der Körpermaße u, v und w ziehen zu können.

Der Leser braucht nicht zu befürchten, daß ich jetzt komplizierte mathematische Dinge bringen werde. Ich beabsichtige nur, durch die Schilderung des exakten Vorgehens verständlich zu machen, warum es für einen mathematischen Laien schwierig ist, aus den Kurvenverläufen der üblichen verwendeten Indexzahlen die richtigen Schlüsse auf die Verhaltensweise der Wachstumsgeschwindigkeiten der Körpermaße zu ziehen, um sich sicher auf dem Boden einer dynamisch morphologischen Wachstumsanalyse bewegen zu können.

Auch für jede aus der querschnittsstatistischen Normwertung hervorgegangenen Kurvendarstellung des Wachstums ist für die Kurvenordinate y eine Gleichung ableitbar, die im allgemeinen vom Mittelwert m (als Funktion des Alters t gesehen) und von der Streuung v (ebenfalls als Funktion des Alters t gesehen) abhängt, so daß hier eine analoge Beziehung zu (7) zwischen der jährlichen Änderung y' von y und den jährlichen Änderungen m' von m und v' von v besteht. Erst wenn man diese sich aus der Konstruktion der graphischen Darstellung von selbst ergebende Beziehung mit heranzieht, ist es möglich, aus dem Steigungsverlauf bei diesen graphischen Darstellungen die richtigen Schlüsse in bezug auf Wachstumsgeschwindigkeiten zu ziehen.

Bei den Indikatoren braucht jedoch noch keine Anleihe bei der Differentialrechnung gemacht zu werden. Da es sich um ganze lineare Funktionen mit konstanten Koeffizienten handelt, kommt man mit elementaren algebraischen Rechnungen aus, denen jeder folgen kann. Im Alter t_1 möge im Individualfall das Körpermaß x den Wert x_1 haben, was für den Indikator M den Wert

$$M_1 = x_1 - at_1 - b \qquad (8a)$$

ergibt. Ebenso folgt für einen späteren Alterspunkt t_2:

$$M_2 = x_2 - at_2 - b. \qquad (8b)$$

Der zum Alter t_1 (Abszissenwert) gehörende Kurvenpunkt P_1 hat somit die Koordinaten (t_1, M_1) und der zum Alter t_2 gehörende Kurvenpunkt P_2 die Koordinaten (t_2, M_2). Werden die beiden Punkte P_1 und P_2 durch eine Gerade miteinander verbunden, so bildet diese mit der Abszissenachse einen Winkel, dessen Tangens die Steigung von P_1 nach P_2 mißt, die durch die Formel

$$\frac{M_2 - M_1}{t_2 - t_1}$$

gegeben ist, Nach $(8a)$ und $(8b)$ ist zunächst, da a und b Konstanten sind:

$$M_2 - M_1 = (x_2 - x_1) - a\,(t_2 - t_1).$$

Die Konstante b ist bei der Differenzbildung herausgefallen. Werden beide Seiten dieser Gleichung durch $(t_2 - t_1)$ dividiert, so ergibt sich schließlich:

$$\frac{M_2 - M_1}{t_2 - t_1} = \frac{x_2 - x_1}{t_2 - t_1} - a. \qquad (9a)$$

Auf der linken Seite steht die Kurvensteigung M' des Indikators M vom Alter t_1 bis zum Alter t_2. Der zuerst stehende Bruch auf der rechten Seite ist gleich dem Verhältnis aus der Zunahme $(x_2 - x_1)$ des Körpermaßes x zur inzwischen verflossenen Zeit $(t_2 - t_1)$, bedeutet also die durchschnittliche Wachstumsgeschwindigkeit x' des Körpermaßes x zwischen den Alterspunkten t_1 und t_2. Somit besagt (9a) in Worten: Die Kurvensteigung M' des Indikators M ist gleich der Abweichung der Wachstumsgeschwindigkeit (Jahresrate) x' des Körpermaßes x vom festen Wert a, oder als Formel:

$$M' = x' - a. \qquad (9b)$$

Nach dem im vorigen Abschnitt ausgeführten Prinzip der Dimensionsgleichheit kann die Konstante a keine dimensionslose reine Zahl bedeuten, sondern muß dieselbe physikalische Dimension wie x' haben und ebenfalls eine Geschwindigkeit darstellen. Die exakte Interpretation von *(9b)* lautet somit: *Die Steigung M' der Indikatorkurve M ist gleich der Abweichung der individuellen Wachstumsgeschwindigkeit x' von einer festen vorgegebenen Wachstumsgeschwindigkeit a.*

Als solche kann z. B. zweckmäßigerweise die Wachstumsgeschwindigkeit gewählt werden, die das Körpermaß x in einem bestimmten Wachstumsabschnitt, z. B. im 6.–7. Lebensjahr hat, oder es kann dafür auch die mittlere Wachstumsgeschwindigkeit aus der Durchschnittsbevölkerung eingesetzt werden. Dies hat nichts mit der Einführung einer querschnittsstatistischen Normwertung für Wachstumsgeschwindigkeiten zu tun, sondern es ist lediglich zweckmäßig, den Wert von a so zu wählen, daß die individuellen Wachstumsgeschwindigkeiten von allen Kindern um ihn hin und her pendeln, weil nur dann aus geometrischen Gründen die größtmöglichen Abknickwinkel der Indikatorkurve für plötzliche Wachstumsänderungen entstehen können.

Der Form

$$M = x - at - b \qquad (5)$$

des Indikators möchte ich die Form

$$N = \frac{x}{a} - t - c, \qquad (10)$$

wobei $c = \frac{b}{a}$ ist, gegenüberstellen, und (5) als die 1. Hauptform und (10) als die 2. Hauptform bezeichnen. Rein mathematisch besteht zwischen diesen beiden Formen kein Unterschied, denn N ist mit M durch die Gleichung

$$N = \frac{M}{a} \qquad (11)$$

verbunden. Erst bezüglich der üblichen graphischen Darstellung von N als Kurve ergibt sich als Unterschied, daß die Steigung N' mit der Wachstumsgeschwindigkeit x' nach der Formel

$$N' = \frac{x' - a}{a} \qquad (12)$$

zusammenhängt. Da auf der rechten Seite von *(12)* die sogenannte relative oder, wenn man mit 100 multipliziert, die prozentuale Abweichung der Wachstumsgeschwindigkeit x' von der fest vorgegebenen Wachstumsgeschwindigkeit *a* steht, so heißt dies in Worten: *Die mit 100 multiplizierte Kurvensteigung von N ist gleich der prozentualen Abweichung der individuellen Wachstumsgeschwindigkeit x' von der fest vorgegebenen Wachstumsgeschwindigkeit a.*

Der Unterschied zwischen *M* und *N* liegt somit darin, daß die Kurvensteigung von *M* die absolute und die von *N* die prozentuale Abweichung der individuellen Wachstumsgeschwindigkeit *x'* von der festen Geschwindigkeit *a* anzeigt.

Ich gebe der 2. Hauptform den Vorzug, weil sich bei Wachstumsschüben und -hemmungen häufig die Wachstumsgeschwindigkeiten der Hauptkörpermaße um den gleichen prozentualen Betrag ändern. Insoweit von einer mathematisch erfaßbaren Gesetzmäßigkeit der Formwandlung gesprochen werden kann, scheint ihr Kern nicht bei den prozentualen Zunahmen der Körpermaße zu liegen (wie das sogenannte allometrische Gesetz voraussetzt), sondern bei den (längsschnittmäßigen) prozentualen Änderungen der Wachstumsgeschwindigkeiten.

Um die Anschauung zu fixieren, nehme man z. B. an, daß der fest vorgegebene Wert *a* die individuelle Wachstumsgeschwindigkeit des Körpermaßes im 7. Lebensjahr sei (die man auf irgend einem Wege erhalten haben möge), und *x'* die individuelle Wachstumsgeschwindigkeit im 9. Lebensjahr, die man zu erfahren wünscht. Aus der Kurve von *M* oder *N* ist dann resp. die absolute oder prozentuale Abweichung des Wertes *x'* vom Wert *a* abzulesen bezw. zu entnehmen, wie sich die individuelle Wachstumsgeschwindigkeit vom 7. bis zum 9. Lebensjahr geändert hat.

Praktisch ist es jedoch nicht unbedingt notwendig, wirklich vom individuellen Wert der Wachstumsgeschwindigkeit im 7. Lebensjahr auszugehen. Wenn der feste Wert *a* so gewählt wird, daß er ein mittlerer aus den Wachstumsgeschwindigkeiten aller Kinder im 7. Lebensjahr ist (es braucht nicht notwendig der „Normalwert" der Wachstumsgeschwindigkeit zu sein, sondern es genügt, daß nur irgendwie ein „mittlerer Wert" gewählt wird), dann ist aus der Indikatorkurve die Abweichung der individuellen Wachstumsgeschwindigkeit im 7. Lebensjahr und die Abweichung im 9. Lebensjahr von *a* abzulesen. Hieraus ergibt sich sofort der Betrag, um den sich die individuelle Wachstumsgeschwindigkeit vom 7. bis 9. Lebensjahr geändert hat.

Diesen Weg habe ich im folgenden eingeschlagen. Es stellt sich empirisch heraus, daß dabei die individuellen Wachstumsänderungen vom 3. Lebensjahr bis zur Reife mit aller nur wünschenswerten Deutlichkeit verfolgbar sind, wenn man für *a* einen Wert der Wachstumsgeschwindigkeit wählt, der für alle 7—9 jährigen Kinder ein mittlerer ist. Es braucht nicht der arithmetische Mittelwert aus der Durchschnittsbevölkerung selbst zu sein, sondern kann nach irgend welchen Gesichtspunkten (auch willkürlich angenommen) ein mittlerer sein.

Vom Gedankenkreis der sogenannten querschnittsstatistischen Normwertung ausgehend würde es allerdings als das zweckmäßigste erscheinen, von vornherein gleich den möglichst genauen Mittelwert aus der Durchschnittsbevölkerung für a zu nehmen. Es wird sich jedoch nachher herausstellen, daß die Wachstumsverläufe in eine Anzahl von Typen zerfallen, so daß es problematisch ist, welches der „biologisch normale Wachstumsverlauf" eigentlich sei. Somit kann ich bei der Begründung des Verfahrens nur einen „mittleren Wert" für a und nicht „den Normalwert für a" in Ansatz bringen.

Für den Leser, der weitgehende mathematische Kenntnisse besitzt, ist der eigentliche Sinn der Anwendung von Indikatoren prägnant wie folgt zu charakterisieren: Man denke sich den individuellen Wachstumsverlauf eines Körpermaßes x als Funktion $x = f(t)$ in Abhängigkeit vom Alter t als der unabhängigen Variablen dargestellt. Die Wachstumsgeschwindigkeit von x wird bekanntlich durch die erste Ableitung von f nach t bzw. durch den ersten Differentialquotienten von f gegeben. Der 2. Differentialquotient liefert dann die Änderung der Wachstumsgeschwindigkeit mit dem Alter. Die Indikatoren sind somit ein Handwerkszeug, um bei empirischen Kurven den Wert des 2. Differentialquotienten so genau zu ermitteln, wie es nur irgend geht.

Das menschliche Wachstum hat nun aber, wie sich nachher herausstellen wird, die Eigentümlichkeit, daß es von der Geburt bis zur Reife nicht glatt verläuft, sondern an bestimmten Entwicklungspunkten (am Ende des Säuglingsalters, im 4. Lebensjahr, 5—6 J. und 2—3 J. vor der Reife) knickartig auf einen anderen Wachstumsgang übergeht.

Diese Umschaltungen kommen mathematisch einer momentanen starken isolierten Unstetigkeit des 2. Differentialquotienten gleich. Deshalb können zum Studium von Wachstumsumschaltungen nur mathematische Verfahren zur empirischen Erfassung eines 2. Differentialquotienten in Frage kommen.

Wegen dieser Eigentümlichkeit des menschlichen Wachstums hat es auch keinen Sinn, auf die Frage einzugehen, ob die Formwandlung allometrisch oder isometrisch verläuft, und diesbezüglich Indikatoren einzuführen, bei denen z.B. an Stelle eines absoluten Körpermaßes der Logarithmus dieses Körpermaßes eingesetzt wird. Im Begriff einer Wachstumsänderung liegt ja, daß die Formwandlung und somit die mathematische Wachstumsformel eine andere wird. Somit kann beim menschlichen Wachstum von vornherein nicht von einer von der Geburt bis zur Reife durchgehenden allometrischen oder isometrischen Gesetzlichkeit der Formwandlung gesprochen werden. Eine Änderung der Gesetzlichkeit findet vielmehr so oft statt, wie es Wachstumsumschaltungen gibt. Deshalb muß beim menschlichen Wachstum das Studium seiner Gesetzlichkeit mit dem genaueren Studium der Wachstumsumschaltungen und ihrer individuellen Variabilität beginnen. Dann bekommt man erst den Überblick dafür, in welchem Umfang es beim Menschen überhaupt eine mathematisch formulierbare Gesetzmäßigkeit des Wachstums geben kann und wie der formelmäßige Ausdruck dafür beschaffen sein muß.

Wenn in den beiden Ausdrücken (5) und (10) für M und N anstelle des Alters t ein zweites Körpermaß y eingesetzt wird, erhält man Indikatoren, nach denen die (absolute oder prozentuale) Abweichung des Verhältnisses $\frac{x'}{y'}$ aus den beiden Wachstumsgeschwindigkeiten (Jahresraten) x' und y' von einem festen vorgegebenen Wert a studierbar ist. Die Rechnung von (8a) bis (9b) ist in derselben Weise durchführbar, wenn anstelle der Zeit t ein zweites Körpermaß y steht.

Über die Konstante b kann frei verfügt werden. Eine Änderung ihres Wertes bewirkt nur eine Parallelverschiebung der Indikatorkurve nach oben oder unten. Für die Diskussion der Änderung der Wachstumsgeschwindigkeit oder der Verhältniszahl aus 2 Wachstumsgeschwindigkeiten ändert sich dadurch nichts. Über die Konstante b kann jedoch so verfügt werden, daß die Indikatoren für einen „mittleren" Wert der Körpermaße im Alter 7,0 J. den Wert 0 haben. Dann zeigt der Abstand der Indikatorkurve von der Abszissenachse für den Beginn des Schulalters an, ob es sich z. B. um ein relativ großes oder kleines, oder um ein relativ über- oder untergewichtiges Kind handelt. Im folgenden wird dies Vorgehen nur in rein deskriptiver Absicht verwendet, um in grober Weise die 6—8jährigen Kinder nach großer, mittlerer und kleiner Körperlänge und nach einem für die Istlänge großen, mittleren und kleinen Körpergewicht einzuteilen. Dies geschieht in der Absicht, um später untersuchen zu können, ob zwischen den Körpermaßen des Lernanfängers und dem Auftreten von Wachstumsbeschleunigungen und -verzögerungen ein korrelativer Zusammenhang besteht. An und für sich besteht für eine solche Wahl des Konstanten b keine Notwendigkeit. Sie könnte für jeden Individualfall anders gewählt werden, so daß z. B. jede Indikatorkurve auf der Abszissenachse beginnt (was auch seine Vorteile hätte). Um die noch in Aussicht stehende mechanische Rechenarbeit von vornherein auf ein Minimum zu reduzieren, habe ich die genannte Wahl von b so getroffen, daß auch noch Zusammenhänge mit der groben (d. h. nach Länge und Gewicht beurteilten) Körperform des Lernanfängers untersuchbar sind.

7. Die praktische Herstellung des Indikatordiagramms.

Für die Untersuchung der inter- ind intrapersonellen Variabilität des Körpergewichts- und Körperlängenwachstums werden nachher für Knaben und Mädchen zusammen folgende 2 Indikatoren verwendet:

Für das Studium des absoluten Verlaufs des sogenannten Lineargewichts (d. i. die 3. Wurzel aus dem in kg gemessenen Körpergewicht) in Abhängigkeit von der Größe der Körperlänge dient der Indikator „für den Körperfülleverlauf":

$$I = \left(58 \sqrt[3]{g} - 45\right) - h. \qquad (13)$$

Hierin bedeutet g das in kg gemessene Körpergewicht und h die in cm gemessene Körperlänge.

Die Formel für den Indikator des absoluten Körperlängenverlaufs lautet:

$$K = \left(\frac{h}{5,7} - 14\right) - t \qquad (14)$$

Hierin ist h die in cm gemessene Körperlänge und t das Alter in Jahren.

Beim „vollständigen" Indikatordiagramm, das beide Indikatorkurven zugleich enthält, wird die Körperlänge h als gemeinsame Abszisse für die beiden Indikatoren gewählt, so daß die senkrecht übereinanderliegenden Kurvenpunkte der beiden Indikatorkurven von I und K wachstumsmäßig zusammengehören (vgl. z. B. Abb. 20–35).

Der eigentliche Grund dafür, warum ich jetzt dazu übergegangen bin, die Körperlänge und nicht (wie in früheren Veröffentlichungen bei den „Potentialkurven") das Alter als unabhängige Variable (Abszissenwert) zu wählen, liegt bei dem empirischen Befund, daß nur bei diesem Arrangement klar und deutlich herauskommt, daß die Entwicklung der sogenannten Körperfülle beim menschlichen Wachstum ebenfalls in Phasen zerfällt. Die vom Pädiater bisher somatoskopisch intuitiv gesehene Feststellung, daß beim Formwandel des Kindes sogenannte Phasen der Streckung und Füllung auftreten, hat einen realen Hintergrund, der nur dann klar zu erfassen ist, wenn die Zunahme (Jahresrate) des Körpergewichts bzw. Lineargewichts mit der gleichzeitigen Zunahme (Jahresrate) der Körperlänge verglichen wird. Diese Phasen treten dann in der Form in Erscheinung, daß die Gewichtszunahme pro z. B. 10 cm Körperlängenzunahme in den verschiedenen Phasen der Körperfülleentwicklung resp. wesentlich größer oder kleiner wird. Die in der Literatur zu findenden (somatoskopischen) Schilderungen dieser Phasen des Körperfülleverlaufs müssen natürlich noch korrigiert, d. h. mathematisch somatometrisch präziser formuliert werden, weil sie dem Wort nach nicht den genauen dynamisch morphologischen Sachverhalt wiedergeben.

Um den Zerfall des Körperlängenwachstums in Phasen größerer und kleinerer Wachstumsgeschwindigkeit festzustellen, macht es hingegen nichts aus, ob der Indikator K in Abhängigkeit von der Körperlänge oder vom Alter zur graphischen Darstellung gebracht wird. Somit bringt die Wahl der Körperlänge als unabhängige Variable (Abszissenwert) den Vorteil mit sich, daß im Indikatordiagramm gleich deutlich sowohl die Phasen der Wachstumsgeschwindigkeit der Körperlänge wie die der Körperfülleentwicklung zu sehen sind.

Die Berechnung des Indikators I für den Körperfülleverlauf verlangt, daß vom Ausdruck $I^* = (58\sqrt[3]{g} - 45)$, worin g das in kg gemessene Körpergewicht bedeutet, die in cm gemessene Körperlänge abgezogen wird. Es ist klar, daß man nicht jedesmal die Rechnung durchführt, sondern eine Tabelle aufstellt, aus der für den gefundenen Wert g sofort der Wert von I^* zu entnehmen ist. Da es für den Laien schwierig ist, zu übersehen, mit welcher Genauigkeit diese Tabelle herzustellen ist, bringe ich die von mir entworfene als Tab. 1.

Es sei darauf hingewiesen, daß die Genauigkeit dieser Tabelle nicht besagt, daß die Körpermaße auf jeden Fall mit dieser Genauigkeit gemessen werden müssen. Die Genauigkeit der Tabellen hat vielmehr den Sinn, Interpolationen überflüssig zu machen.

Beim Indikator K für den Körperlängenverlauf im Vergleich zum Altersverlauf muß vom Ausdruck $K^* = \left(\frac{h}{5{,}7} - 14\right)$ das in Jahren gemessene Alter t abgezogen werden. Die Tab. 2 gestattet, den Wert K^* für die Körperlänge h *cm* zu entnehmen.

Das Alter wird in Jahren mit einer Dezimalen nach dem Komma genommen. Um die Differenz zwischen Untersuchungs- und Geburtsdatum als Jahresdezimale zu schreiben, kann man sich leicht selbst eine Tabelle oder ein Nomogramm (3 cm = 30 Tage = 1 Monat) herstellen.

Ein Zahlenbeispiel möge die Tabellenbenutzung erläutern, in der Hauptsache, um die ausreichende Genauigkeit zu demonstrieren, damit man nicht überflüssig genau rechnet:

Geb. a. 10. 7. 45

Datum/Alter	Gewicht/I^*	Länge/K^*
25. 6. 52/7,0	21,5/116	123/7,6
24. 6. 53/8,0	24,0/122	128/8,5
19. 7. 54/9,0	28,4/132	134/9,5
12. 9. 55/10,2	31,1/137	140/10,6 usw.

Aus dem Geburtsdatum und dem Untersuchungsdatum ergeben sich die Alterszahlen 7,0, ..., 10,2 *J*.

Zum Istgewicht 21,5 *kg* liefert Tab. 1 für den nächstliegenden Wert 21,4 *kg* den Wert 116 von I^*, zum Istgewicht 24 *kg* für den nächstliegenden Wert 23,9 *kg* den Wert 122 usw. Interpolation ist nicht notwendig, sondern es genügt, für die Zwecke der im Abstand von 1—2 Jahren durchgeführten Reihenuntersuchungen den jeweils am nächsten liegenden Tabellenwert zu nehmen. Wenn der Istwert g genau zwischen 2 Tabellenwerten liegt, macht es nichts aus, ob man festlegt, daß dann stets der kleinere oder der größere der beiden nächstliegenden Werte von I^* zu wählen ist.

Die Differenzen *(I* – Istlänge)* ergeben sofort die Indikatorwerte von *I* zu 116—123 = —7; 122—128 = —6; 132—134 = —2 usf, die gleich im Achsenkreuz als Kurvenordinaten eingetragen werden können.

Für die Istlängen 123; 128; 134 cm usw. sind der Tab. 2 unmittelbar die resp. Werte für K^* zu 7,6; 8,5; 9,5 usw. zu entnehmen. Die Differenzen *(K* – Istalter)* liefern sofort die resp. Werte 7,6 – 7,0 = 0,6; 8,5 – 8,0 = 0,5 usw. für den Indikator *K*, die ebenfalls gleich als Kurvenordinaten eingetragen werden können.

Daß die Tab. 2 sozusagen in entgegengesetzter Fahrtrichtung zu Tab. 1 hergestellt ist, hängt damit zusammen, daß dadurch die Abstimmung der Genauig-

Tabelle 1: $I^* = 58\,\sqrt[3]{g} - 45.$

I^*	Körpergewicht in kg									
	0	1	2	3	4	5	6	7	8	9
4	3,1	3,2	3,4	3,5	3,6	3,7	3,8	4,0	4,1	4,2
5	4,4	4,5	4,6	4,8	4,9	5,1	5,2	5,4	5,6	5,7
6	5,9	6,1	6,3	6,5	6,6	6,8	7,0	7,2	7,4	7,6
7	7,8	8,0	8,2	8,4	8,6	8,8	9,0	9,3	9,5	9,7
8	10,0	10,3	10,5	10,8	11,0	11,3	11,6	11,8	12,1	12,4
9	12,6	12,9	13,2	13,5	13,8	14,1	14,4	14,7	15,0	15,3
10	15,6	15,9	16,3	16,6	16,9	17,3	17,6	18,0	18,3	18,7
11	19,1	19,4	19,8	20,2	20,6	21,0	21,4	21,8	22,2	22,6
12	23,0	23,4	23,9	24,2	24,7	25,2	25,6	26,0	26,5	27,0
13	27,5	27,9	28,4	28,9	29,4	29,9	30,4	30,9	31,4	31,9
14	32,6	32,9	33,4	34,0	34,6	35,2	35,8	36,3	36,9	37,4
15	38,0	38,6	39,2	39,8	40,4	41,0	41,6	42,2	42,8	43,4
16	44,1	44,8	45,5	46,2	46,8	47,5	48,2	48,9	49,5	50,2
17	51,0	51,7	52,4	53,1	53,8	54,5	55,3	56,1	56,8	57,6
18	58,4	59,2	60,0	60,8	61,6	62,4	63,2	64,0	64,8	65,7
19	66,6	67,4	68,3	69,1	69,9	70,8	71,7	72,6	73,5	74,4
20	75,5	76,8	77,1	78,0	79,0	80,0	81,0	81,9	82,9	84,0

Die ersten 4 Zeilen von Tab. 1 u. 2 kommen praktisch nur für die ersten 4 Lebensjahre in Frage, wenn man sich bei einem Schulkindwachstum für den vor dem 6. Lebensjahre liegenden Wachstumsverlauf interessiert. Für krankhafte enorme Verfettungen reicht Tab. 1 für das späte Schulalter nicht mehr aus. Für solche Fälle ist jedoch praktisch die Indikatorkurve überflüssig.

keit der Gewichtsmessung auf die der Körperlängenmessung unmittelbar ersichtlich wird. Der Tab. 1 kann z. B. entnommen werden, daß bei der Länge 70 cm einer Längenzunahme um 1 cm eine absolute Gewichtszunahme von ungefähr 200 g entspricht, während z. B. bei der Länge 150 cm eine Erhöhung um 1 cm mit einer Gewichtserhöhung von ungefähr 600 g konform geht. Die Erklärung hierfür ist, daß das absolute Körpergewicht fast mit der dritten Potenz der Körperlänge im Wachstumsalter ansteigt.

Noch fehlende Erläuterungen zum Indikatordiagramm ergeben sich bei der Besprechung der empirischen Befunde von selbst.

Tabelle 2: $K^* = \frac{h}{5,7} - 14.$

h (cm)	*K**									
	0	1	2	3	4	5	6	7	8	9
4	–7,0	–6,8	–6,6	–6,5	–6,3	–6,1	–5,9	–5,8	–5,6	–5,4
5	–5,2	–5,1	–4,9	–4,7	–4,5	–4,4	–4,2	–4,0	–3,8	–3,6
6	–3,5	–3,3	–3,1	–3,0	–2,8	–2,6	–2,4	–2,2	–2,1	–1,9
7	–1,7	–1,5	–1,4	–1,2	–1,0	–0,8	–0,7	–0,5	–0,3	–0,1
8	0,0	0,2	0,4	0,6	0,7	0,9	1,1	1,3	1,4	1,6
9	1,8	2,0	2,1	2,3	2,5	2,7	2,8	3,0	3,2	3,4
10	3,5	3,7	3,9	4,1	4,2	4,4	4,6	4,8	4,9	5,1
11	5,3	5,5	5,6	5,8	6,0	6,2	6,4	6,5	6,7	6,9
12	7,1	7,2	7,4	7,6	7,8	7,9	8,1	8,3	8,5	8,6
13	8,8	9,0	9,2	9,3	9,5	9,7	9,9	10,0	10,2	10,4
14	10,6	10,7	10,9	11,1	11,3	11,4	11,6	11,8	12,0	12,1
15	12,3	12,5	12,7	12,8	13,0	13,2	13,4	13,5	13,7	13,9
16	14,1	14,2	14,4	14,6	14,8	15,0	15,1	15,3	15,5	15,7
17	15,8	16,0	16,2	16,3	16,5	16,7	16,9	17,1	17,2	17,4
18	17,6	17,8	17,9	18,1	18,3	18,5	18,6	18,8	19,0	19,2
19	19,3	19,5	19,7	19,9	20,0	20,2	20,4	20,6	20,7	20,9
20	21,1	21,3	21,4	21,6	21,8	22,0	22,1	22,3	22,5	22,7

8. Die Gesetzmäßigkeiten des Gesamtwachstums. Der typologische Zerfall der individuellen Wachstumsverläufe und der Begriff des Normalwachstums.

Die Gesetzlichkeit eines Naturvorganges, dessen Ablauf in verschiedener Weise variieren kann, ist empirisch nur auf dem Wege zu finden, daß die Gemeinsamkeiten der verschiedenen individuellen Verlaufsformen durch ein direktes vergleichendes Studium der Individualverläufe eruiert werden. Beim menschlichen Wachstum ergeben sich hierbei folgende 2 Hauptfälle:

1.) Ein bestimmtes Wachstumsvorkommnis, z. B. ein „Knick“ der Wachstumskurve oder ein praktisch geradliniges Verlaufsstück ist rund 90% aller Kinder resp. in der engeren Umgebung eines bestimmten Entwicklungsstandes oder innerhalb einer bestimmten Entwicklungsphase gemeinsam. Da beim menschlichen Wachstum das Auftreten pathologischer Ausnahmefälle zu ungefähr 10% Häufigkeit angenommen werden kann, wird man in einem solchen Wachstumsereignis das Zeichen einer Gesetzlichkeit des Wachstums schlechthin erblicken dürfen.

2.) Ein bestimmtes Wachstumsvorkommnis tritt z. B. (um einige Zahlen zu nennen) nur bei 20, 40 oder 60% der Kinder bei einem bestimmten Entwicklungsstand oder dessen näherer Umgebung auf und fehlt vollkommen beim Rest aller Kinder in dem Sinne, daß bei diesen Kindern der Wachstumsverlauf um das betreffende Wachstumsvorkommnis ärmer ist. Dieser Befund kann offenbar nur so gedeutet werden, daß er einen typologischen Unterschied anzeigt. Hieraus ergibt sich von selbst eine Aufteilung der verschiedenen individuellen Wachstumsverläufe nach Verlaufstypen und es ist biologisch und klinisch von vornherein klar, daß die Frage, inwieweit ein solcher Verlaufstyp einen noch als klinisch normal oder einen bereits als abwegig anzusehenden Wachstumstyp konstitutioneller oder pathologisch symptomatischer Natur darstellt, prinzipiell nur von seiner biologischen Erklärung und nicht von der relativen Häufigkeit seines Vorkommens in der Gesamtbevölkerung abhängen kann.

Es versteht sich von selbst, daß der verschiedene Ausprägungsgrad solcher verlaufstypologischer Wachstumsereignisse nach Intensität, Dauer und zu frühem oder zu spätem Eintritt weitere Momente zur Beurteilung nach „normal“ und „abwegig“ abgibt.

Wie sich nachher herausstellen wird, beherrscht beim menschlichen Wachstum die 2. Möglichkeit des typologischen Zerfalls das Feld in allen Fragen, die sich auf die Existenz von Wachstumsphasen, auf die damit verknüpften Wachstumsänderungen und die Erscheinungen des sogenannten „individuell accelerierten und retardierten Wachstums“ beziehen. Damit erscheint es als zweckmäßig, das bisher vom Pädiater meist befolgte heuristische Prinzip des Aufsuchens „des eindeutigen schlechthin normalen Wachstums“ aufzugeben und durch eine von vornherein typologisch orientierte Diagnostik nach den charakteristischen Verschiedenheiten der individuellen Wachstumsabläufe zu ersetzen.

Wenn nämlich die Gesamtbevölkerung in eine endliche Anzahl verschiedener (darunter konstitutionell bedingter) Verlaufstypen des Wachstums zerfällt, die sich auch typisch in der Verlaufsform der absoluten Wachstumskurven voneinander unterscheiden, dann verlieren die Mittelwertverläufe der Körpermaße aus der Gesamtbevölkerung jeden repräsentativen Charakter als genauere oder nur angenäherte Darstellung eines sogenannten „normalen“ Wachstumsablaufs. Jeder (konstitutionelle) Wachstumstyp befolgt dann seine eigene (konstitutionell bedingte) Gesetzlichkeit des Ablaufs und es ist theoretisch sinnlos, aus den verschiedenen Gesetzlichkeiten der einzelnen Wachstumstypen durch Mittelbildung eine „mittlere Gesetzlichkeit“ des menschlichen Wachstums zu bilden, um mit ihr die einzelnen wachstumstypologischen Gesetzlichkeiten zu vergleichen. Von pädiatrischer Sicht kommt es dann vielmehr darauf an, die einzelnen Verlaufstypen des Wachstums irgendwie mit mehr oder minder großer Wahrscheinlichkeit nach somatometrischen und anderen somatischen und rein klinischen Merkmalen (z. B. hormonaler Stimulation) erkennen und ebenso, wie z. B. die „Fiebertypen“, für differentialdiagnostische Zwecke verwenden zu können.

Ferner betrachte man die Sachlage gegen Ende des Wachstumsalters, wenn die sogenannten „Wachstumsausläufe" einsetzen. Es gibt bekanntlich früh- und spätpuberierende Kinder. Bei den Mädchen beträgt z. B. die sogenannte „normale Variationsbreite" der Menarche rund ± 2 Jahre. Ferner beginnt bei ihnen der Wachstumsauslauf praktisch mit der Menarche und rund 2 Jahre nach der Menarche ist praktisch der Wachstumsstillstand (jedenfalls bei der Körperlänge) eingetreten. Da die größte Häufigkeit der Menarche ungefähr beim Alter 13,5 J. liegt, so beginnt vom Alter 11 J. ab die weibliche Gesamtbevölkerung in 2 wachstumsbiologisch verschiedene Gruppen zu zerfallen. Die 1. Gruppe umfaßt alle Mädchen, die sich bereits im Wachstumsauslauf befinden oder bei denen bereits der Wachstumsstillstand eingetreten ist. Die 2. Gruppe enthält alle Mädchen, die noch nicht menstruiert sind, d. h. praktisch, die sich noch im puberalen Längenschub mit der hohen Längenrate von 6 bis 8,5—9,5 cm pro Jahr befinden (der „pubertätsbedingte Längenschub" dauert im allgemeinen bis zur Menarche). Das Häufigkeitsverhältnis zwischen diesen beiden Gruppen verschiebt sich kontinuierlich mit dem Alter zu Gunsten der 1. Gruppe, indem im Alter 15—16 J. bei wenigstens rund 90 % aller Mädchen bereits der Wachstumsauslauf bzw. Wachstumsstillstand eingetreten ist.

Im Zeitraum zwischen 11 und 16 J. stellt somit die mittlere Körperlänge aus der weiblichen Gesamtbevölkerung ein (sogenanntes gewogenes) Mittel aus den 2 individualphysiologisch ganz verschieden zu bewertenden Gruppen noch lebhaft wachsender (weil vor der Menarche) und kaum oder nicht mehr wachsender (weil nach der Menarche) Mädchen dar. Für z. B. das 14. Lebensjahr zeigt daher die mittlere Körperlänge aus der Durchschnittsbevölkerung eine mittlere Längenrate, die weder für die spät- noch für die frühpuberierenden Mädchen repräsentativ ist.

Nach den z.B. von STUART und STEVENSON angegebenen Normalmaßen beträgt die mittlere Längenrate für Mädchen von 12,5 bis 13,5 J. rund 4,5 cm/J. Für ein Mädchen, das sich im Alter 13,0 J. noch inmitten der Pubertät befindet, ist dies ein durchaus zu niedriger Wert, weil die dem Pubertätsstadium zugehörige „Normalrate" bei ungefähr 7—8 cm/J. liegt, und ein frühpuberierendes Mädchen (z.B. Menarche 11—12 J.) hat in diesem Alter „normalerweise" eine Längenrate von nur noch 1—2 cm J.

Es ist leicht zu sehen, daß diese Überlegungen, die für den Wachstumsauslauf trivial erscheinen, auch analog auf die Wachstumsänderungen anzuwenden sind, die rund 2—3 J. vor der Menarche beim individuellen Pubertätsbeginn und die, wie später noch gezeigt werden wird, rund 5—6 J. vor der Menarche als präpuberale Längenhemmung auftreten. Somit kann die Beurteilung des individuellen Wachstumsablaufs von Körperlänge und Körpergewicht bei den Mädchen bereits vom Alter 8—9 J. ab nicht mehr nach dem Mittelwertverlauf aus der Durchschnittsbevölkerung ausgerichtet werden, sondern hängt wesentlich davon ab, ob es sich um ein früh-, normal- oder spätpuberierendes Mädchen handelt. Der einzig gangbare Weg, um zu einer klinisch befriedigenden Diagnostik nach den individuellen Wachstumskurven zu gelangen, besteht nur darin, daß die Wachstumsverläufe der Hauptkörpermaße bei früh-, normal- und spätpuberierenden Kindern direkt und unabhängig von einem Mittelwertverlauf aus der Gesamtbevölkerung studiert und aus den gefundenen Besonderheiten zusammen mit sämtlichen rein klinischen, nicht meßbaren Befunden die Richtlinien für die Beurteilung des individuellen Wachstumsverlaufs hergeleitet werden.

Eine typologische Einteilung nach Früh-, Normal- und Spätreife ist jedoch nicht der einzige wachstumstypologisch wichtige Gesichtspunkt. Der Pädiater hat bereits bemerkt, daß auch körperbaulich typologische Unterschiede keine belanglose Rolle bezüglich des Wachstumsablaufs spielen, so daß weiter zu fragen ist, welche besonderen Eigentümlichkeiten des Wachstums der Hauptkörpermaße im Schulkindalter und insbesondere im weiteren Bereich des Reifungsgeschehens dafür typisch sind, daß sich ein spezieller Körperbautyp des Erwachsenen einstellt. Das Problem des Zusammenhanges zwischen der im Sinne von KRETSCHMER gestellten Körperbaudiagnose des Schulkindes und der des Erwachsenen hängt prinzipiell von der Untersuchung über die individuell verschiedenen Formwandelverläufe im Bereich des Pubertätsgeschehens ab.

Zusammenfassend folgt aus diesen Ausführungen, daß der Ausbau der Betrachtung von individuellen Wachstumskurven zu einem wichtigen diagnostischen Hilfsmittel zweckmäßigerweise methodisch so zu handhaben ist, daß von vornherein die größte Chance dafür besteht, konstitutionell bedingte Verlaufstypen des Wachstums zu eruieren. Dies bedeutet, daß im Prinzip kein anderer Weg eingeschlagen werden kann, als wie er bereits praktisch bezüglich der

Auswertung von z. B. EKG-Kurven und Fieberkurven beschritten worden ist. Die individuellen absoluten Wachstumskurven müssen somit ohne jegliche Bezugnahme auf eine Hypothese über die Existenz eines „normalen" Wachstumsablaufs, so wie sie an sich sind, nach der Vielfältigkeit ihrer Verlaufsformen im großen direkt miteinander verglichen werden. Sodann ist zu erforschen, ob bestimmte häufiger auftretende auffällige Verlaufsformen der Ausdruck eines auch biologisch zu bekräftigenden besonderen Wachstumstyps oder ein konstitutionspathologisches Symptom sind. Es ist für den Praktiker von größter Wichtigkeit, zu erfahren, wie häufig ihm Sonderfälle des Wachstums in der Praxis begegnen können, bzw. wie oft er nach seinem klinischen Blick die bisherigen allgemeinen Lehren vom „normalen" Wachstumsablauf nicht bestätigt findet und wie diese nicht in das z. Z. noch grob simplifizierte Lehrbuchschema passenden Fälle zu beurteilen sind.

Als empirische Unterlage standen mir 2046 Wachstumsverläufe des Schulkindalters aus dem Beobachtungsgut „Deutsche Nachkriegskinder" der wissenschaftlichen Arbeitsgemeinschaft für Jugendkunde zur Verfügung. Aus eigenem von CHARLOTTE SCHOLZ erstelltem Berliner Beobachtungsgut kommt noch eine geringere Anzahl von rund[1]) 165 Individualverläufen hinzu, die sich vom 1. – 4. Lebensjahr bis in die ersten 2–3 Schuljahre und teilweise bis zur Pubertät erstrecken, und rund[1]) 500 Wachstumsverläufe, die in den ersten 4 Schuljahren beginnen und durch die Reihenuntersuchungen bei Berufsschülern und Gymnasiasten teilweise bis zum 17.–19. Lebensjahr verfolgt werden konnten. Da die Berliner Erhebungen zu gleicher Zeit wie die der „Deutschen Nachkriegskinder" stattfanden, können beide Untersuchungen vereinigt werden.

Erst durch die zusammenfassende Bearbeitung aller genannten Erhebungen wird ersichtlich, daß sich eine Wachstumsdiagnostik von derselben methodischen Art begründen läßt, wie sie z. B. bereits für die diagnostische Auswertung von Elektrokardiogrammkurven vorliegt. Genau so wie dort bestimmte auffällige Kurvenzacken und Knicke mit Buchstaben bezeichnet werden und die verschiedenen Variationen und Ausartungen dieser Auffälligkeiten eine diagnostische Bedeutung haben, so können auch bei den absoluten Wachstumsverläufen gewisse wesentliche (nicht zufällige) Verlaufsknicke, die bei der Mehrzahl der Kinder bei bestimmten Entwicklungspunkten auftreten, in gleicher Art durch Buchstaben gekennzeichnet werden. Die Variabilität des zeitlichen Eintretens und der Form dieser Verlaufsknicke (sowie ihr eventuell mögliches Ausbleiben) ergibt dann die Ansatzpunkte für eine längsschnittmäßige klinische (funktionelle) oder einfacher, für eine dynamisch morphologische Wachstumsdiagnostik.

[1]) Da wir laufend Wachstumsverläufe sammeln.

II. Abschnitt: Die inter- und intrapersonelle Variabilität des Körperlängenwachstums im Schulkindalter.

9. Die isolierte Betrachtung verschiedener Wachstumserscheinungen

Um auf dem schnellsten Wege zu einer Übersicht über die Prinzipien zu gelangen, die die Wachstumsvariabilität beherrschen, muß als Forschungsmethode das Verfahren der sogenannten „Isolation" angewendet werden. Das heißt für unseren Fall, daß zuerst für sich allein die Verläufe der Körperlänge in Abhängigkeit vom Alter studiert werden, was zu einer Klassifikation der Verläufe nach charakteristischen Verlaufsmerkmalen führt. Dann folgt wieder für sich allein die Untersuchung der Verläufe des Körpergewichts in Abhängigkeit von der Körperlänge, kurz gesagt, der Körperfülleverläufe, die ebenfalls eine Klassifikation liefert. Diese Klassifikationen der Körperlängen- und Körperfülleverläufe sind dann die günstigste Unterlage, nach der bei den Individualverläufen die verschieden möglichen Zusammensetzungen von Körperlängen- und Körperfülleverlauf leicht zu charakterisieren sind, was eine Typologie des individuellen Gewichts- und Längenwachstums ergibt.

Dieses Vorgehen ist auch aus dem Grunde angebracht, weil jeder der beiden Arbeitsgänge für sich allein bereits die Klärung bzw. zumindest die Präzisierung einer speziellen klinisch wichtigen Problemstellung bringt. Die alleinige Betrachtung der charakteristischen Verlaufsunterschiede des Körperlängenwachstums liefert die genauere wachstumsdynamische Analyse des Problemkomplexes des sogenannten „individuell accelerierten und retardierten Längenwachstums". Das Studium der charakteristischen Verschiedenheiten individueller Körperfülleverläufe ergibt eine kritische Diskussion der Beurteilbarkeit des Istgewichts nach „Über-" und „Untergewicht".

Von den Wachstumsverläufen im Schulkindalter bleibt jedoch eine nicht mehr zu vernachlässigende Anzahl übrig, die wachstumsdynamisch unverständlich sind, wenn man nur von den Befunden der Wachstumsvariabilität im Schulkindalter ausgeht. Z. B. kann sich das Eintreten einer bestimmten Wachstumsumstellung, die im Mittel im 4. Lebensjahr erfolgt, individuell soweit verzögern, daß sie erst innerhalb der ersten 3 Schuljahre auftritt. Deshalb wird den folgenden Ausführungen als wichtige Ergänzung noch eine Schilderung der Variabilität des Gewichts- und Längenwachstums der ersten 6—9 Lebensjahre nach einem von CHARLOTTE SCHOLZ erstellten Berliner Beobachtungsgut beigefügt. Diese Individualverläufe werden nach demselben Indikatordiagramm wie im Schulkindalter betrachtet, um sozusagen den optischen Anschluß an die Kurvenbilder des Schulkindalters herzustellen.

Die Abb. 1—15 zeigen alle praktisch wichtigen Verlaufsformen bzw. Verlaufstypen des Körperlängenwachstums im Schulkindalter, wie sie nach dem Kurvenbild des Indikators *K*, der in Abhängigkeit von der Körperlänge als Abszisse dargestellt ist, optisch zum Ausdruck kommen. Der Begriff „praktisch wichtig" wurde dabei so genommen, daß damit zu rechnen ist, daß unter 100 Kindern wenigstens 5—10 reine Formen des gezeigten Verlaufstyps gefunden werden können. Nach dem Beobachtungsgut „Deutsche Nachkriegskinder" besteht eine merkbare Abhängigkeit der Häufigkeit der einzelnen Verlaufsformen von den regionalen rassischen und konstitutionellen Verhältnissen, so daß man mit einer definitiven positiven Aussage über die Seltenheit einer bestimmten Verlaufsform vorsichtig sein muß.

10. Ohne Längenhemmung und ohne Längenschub gleichförmig durchgehende Wachstumsverläufe. Schwierigkeit der Wachstumsbeurteilung gegen Ende des Wachstumsalters.

In Abb. 1 ist die einfachste Verlaufsform des Indikators *K* zu sehen: Auf einen praktisch geradlinigen horizontalen Verlauf folgt ein senkrechtes Abknicken nach unten.

Unter „praktisch geradlinig" ist zu verstehen, daß an Stelle des betreffenden Verlaufsstücks eine Gerade eingezeichnet werden kann, so daß die Abweichungen der Kurve von der Geraden beim absoluten Wert der Körperlänge nicht mehr als ± 1—2 cm ausmachen. Da dies aber die Größe eines noch möglichen Zufallsfehlers der Einzelmessung ist, kann somit von so kleinen Schwankungen abgesehen werden. Diese Festsetzung wird im folgenden beibehalten.

Aus der Formel (14) für *K* folgt nämlich, daß eine Schwankung von *K* um ± 0,2 einem Meßfehler der absoluten Körperlänge von ± 1,2 cm äquivalent ist. Demgemäß können „Zacken" der Indikatorkurve, deren Amplitude nicht wesentlich größer ist, ohne weiteres als ein noch möglicher Meßfehler erklärt werden.

Der senkrecht nach unten abfallende Verlauf der Indikatorkurve bedeutet den Stillstand des Längenwachstums. Dies folgt daraus, daß sich die Körperlänge, die als Abszissenwert dient, nicht mehr vergrößert, während der Indikator *K* weiterhin pro Jahr um den Wert 1 kleiner wird, weil er das Alter *t* mit dem negativen Vorzeichen enthält. Durch den Beginn des Abfallens zum senkrechten Verlauf nach unten wird somit relativ genau der Beginn des Wachstumsauslaufs der Körperlänge angezeigt. Es sei daran erinnert, daß der Zweck der Indikatorkurve nur der sein soll, möglichst genau das Eintreten einer wesentlichen Wachstumsänderung anzuzeigen, so daß für diesen Zweck das Abknicken um einen rechten Winkel nach unten eine durchaus wünschenswerte Eigenschaft der graphischen Darstellung zur genaueren Feststellung des beginnenden Wachstumsauslaufs ist.

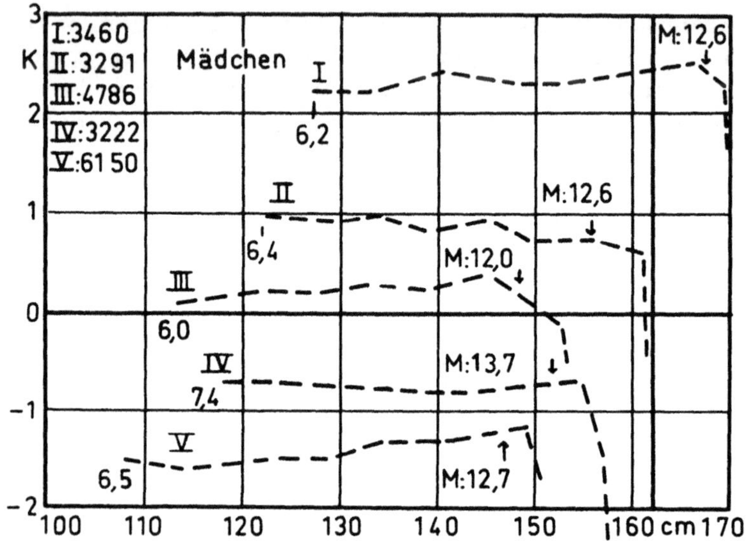

Abb. 1: Kurvenbild des Indikators *K* bei gleichförmig durchgehenden Körperlängenverläufen ohne Längenhemmung und ohne Längenschub im Schulalter. 5 Mädchen verschiedener absoluter Körpergröße im 7. Lebensjahr. Der senkrechte Kurvenabfall bedeutet den Wachstumsstillstand. Die bei den Kurven stehenden Zahlen sind in allen Abbildungen das Alter des Kindes an der angezeigten Stelle. Der Buchstabe *M* gibt in Verbindung mit dem Pfeil und der Altersangabe die Menarche an.

Der mit dem Buchstaben *M* bezeichnete Pfeil gibt die Lage der Menarche an und die dabei stehende Zahl das zugehörige Alter in Jahren mit einer Dezimalen nach dem Komma. Aus den Abb. 1, 2 und 4 ist zu sehen, daß die Menarche im allgemeinen in der unmittelbaren Umgebung des beginnenden Wachstumsauslaufs der Körperlänge liegt.

Bei den Mädchen wird ferner im Indikatordiagramm die zum Abszissenwert 162 cm gehörende Ordinatenlinie durch Einzeichnung hervorgehoben. Dieser Wert 162 cm entspricht der durchschnittlichen Körperlänge 18jähriger Mädchen nach der Tabelle der Normalmaße von STUART und STEVENSON. Diese Linie ist nur als ein optisches Hilfsmittel gedacht, um leicht erkennen zu können, ob sich nach Beendigung des Wachstumsauslaufs eine relativ große oder kleine Körperlänge des Erwachsenen ergibt. Es wird damit nicht präsumiert, daß die Körperlänge von 162 cm ein „Soll"-Wert für das erwachsene Mädchen ist. Analoges gilt bei den Knaben für die zum Abszissenwert 174 cm eingezeichnete Ordinatenlinie (vgl. Abb. 3).

Der parallel zur Ordinatenachse genommene Abstand zwischen den Kurven des Indikators K für 2 Kinder ist gleich dem Altersunterschied der Kinder bei gleicher Körperlänge, deren Wert durch die Abszisse angezeigt wird. Die höher liegende Kurve gehört zum jüngeren Kind gleicher Körperlänge.

Z. B. hat in Abb. 1 beim Abszissenwert 140 cm die Kurve I die Ordinate $K_I = +2{,}4$ und die Kurve IV die Ordinate $K_{IV} = -0{,}8$. Die Ordinatendifferenz beträgt $K_I - K_{IV} = +3{,}2$. Dies heißt, daß das Mädchen I die Körperlänge 140 cm 3,2 Jahre früher als das Mädchen IV annahm. Der Beweis für diese Behauptung ist unmittelbar dem Anblick der Formel (14) für den Indikator K zu entnehmen. Der absolute Wert von K könnte somit auch so gedeutet werden, daß er angibt, um wieviel Jahre das Längenalter vom Istalter entfernt ist.

Diese Ausdrucksweise wird jedoch prekär, wenn sich eines der beiden Kinder bereits im Wachstumsstillstand und das andere noch im Wachstumsalter befindet. Z. B. zeigt bei der Körperlänge 160 cm der horizontale Verlauf der Kurve I an, daß sich das Mädchen I noch im Wachstumsalter befindet. Die Kurve IV läuft jedoch nicht mehr bis zum Abszissenwert 160 cm, sondern ist wegen des eingetretenen Wachstumsstillstandes bereits beim Wert 158 cm in den senkrechten Abfall übergegangen. In diesem Fall kann sinnvoll nicht mehr von einem früheren oder späteren Erreichen der Körperlänge 160 cm gesprochen werden, sondern es muß sachgerecht festgestellt werden, daß sich das Mädchen I bei der Körperlänge 160 cm noch im Wachstumsalter befindet, während beim Mädchen IV bei 158 cm Körperlänge bereits der Wachstumsstillstand eingetreten ist.

Instruktiv ist auch der Vergleich der Kurven III und IV. Bis zur Körperlänge von rund 145 cm (Abszissenwert) ist das Mädchen III mit seiner Körperlänge gegenüber dem Mädchen IV konstant um rund 1 J. voraus. Da aber die mit dem Wachstumsauslauf verknüpfte Menarche bei ihm auf das Alter 12,0 J. und beim Mädchen IV auf das Alter 13,7 J. fällt, tritt bei ihm auch der Wachstumsstillstand um so früher ein. Nach beendetem Längenwachstum ist somit umgekehrt wie vordem das Mädchen III mit 154 cm um 4 cm kleiner als das Mädchen IV mit 158 cm.

Beim Vergleich des Wachstumsverlaufs dieser beiden Mädchen gibt also bei Überschreitung des Wertes 145 cm der Körperlänge die bloße Konstatierung, um wieviel Jahre das eine Mädchen gegenüber dem anderen mit der Körperlänge voraus ist, nicht mehr eine den wachstumsbiologischen Sachverhalt ausreichend beschreibende Information. Es muß vielmehr noch die Konstatierung hinzukommen, daß dann bei dem einen Mädchen der Wachstumsauslauf in Kombination mit der Menarche beginnt, während beim anderen Mädchen das bisherige Wachstumsverhalten noch einige Zeit lang unverändert weiter bestehen bleibt.

Dies sind triviale Sonderfälle für folgende Einsicht, die sich nachher noch in aller Ausführlichkeit bestätigen wird: Nach den somatometrischen Befunden allein ist eine klinisch befriedigende Beurteilung des Wachstumsverhaltens nicht möglich, sondern es muß dabei die biologische Wachstumsphase, in der sich das Kind im Zeitpunkt der Untersuchung befindet, mit berücksichtigt werden. Die somatometrischen und die (nur blickdiagnostisch erreichbaren) klinischen Befunde müssen nebeneinander gehalten werden, um zu einer Gesamtbeurteilung nach „klinisch auffälligem oder unauffälligem" Wachstumsverhalten zu gelangen.

Die in Abb. 1 gezeigten Längenverläufe, die bis zum Beginn des Wachstumsauslaufs eine praktisch konstant bleibende Wachstumsgeschwindigkeit, d.h. einen sich nicht ändernden „Wachstumstrend" haben, mögen „durchgehend gleichförmige" heißen. Die Trendwerte (Trendwert = längsschnittmäßiger individueller Durchschnittswert der Wachstumsgeschwindigkeit) sind:

Trendwerte zu Abb. 1 in cm/J.

	I	II	III	IV	V
Kurvenbeginn bis *M*	6,1	5,5	6,0	5,7	6,2

Für ein geradliniges Kurvenstück können die Trendwerte am einfachsten aus den original gemessenen Werten am Anfang und am Ende des geradlinigen Kurvenstückes mittels des Rechenschiebers berechnet werden. Es ist auch leicht eine Hilfsapparatur aus festem Papier konstruierbar, die aus einem Winkel mit beweglichen Schenkeln besteht. Der eine Schenkel wird parallel zur Ordinatenachse ausgerichtet und trägt auf einem mit ihm fest verbundenen Blatt eine Skala. Der zweite Schenkel wird parallel zum geradlinigen Kurvenstück eingestellt. Er ist soweit verlängert, daß er außerdem stets auf der Skala spielt, an der der Trendwert abgelesen wird. Die Lage und Einteilung der Skala ergibt sich aus Formel (14) und aus dem gewählten Maßstab der Kurvendarstellung, wobei mehrere geometrische Lösungen möglich sind. Eine solche Hilfsapparatur ersetzt geometrisch anschaulich die komplizierten numerischen Ausgleichungsverfahren für Wachstumsgeschwindigkeiten.

11. Wachstumsverläufe, bei denen nur ein puberaler Längenschub auftritt.

Bei den Mädchen der Abb. 2 tritt nach einem anfänglich horizontalen gleichförmigen Verlauf beim Punkt *S* eine Abknickung der Indikatorkurve nach oben ein, was eine Erhöhung der Längenrate anzeigt. Diese Erhöhung bleibt „normalerweise" bis zur Menarche bzw. bis zum Beginn des Wachstumsauslaufs praktisch konstant bestehen. Bei den gezeigten Mädchen liegt der Wachstumsknick *S* rund 1,5–2,5 J. vor der Menarche, was den „mittleren" Fall dieser Erscheinung darstellt. Für diesen Knickpunkt *S* ist ferner charakteristisch, daß somatoskopisch zu gleicher Zeit in der Mehrzahl der Fälle das Anfangsstadium der Entwicklung der sogenannten sekundären Geschlechtsmerkmale zu konstatieren ist. Somit bedeutet das plötzlich stärker ansteigende Verlaufsstück *SM* den sogenannten „puberalen Längenschub" und der Knickpunkt *S* markiert dann den Beginn des puberalen Längenschubes. Für das folgende wird festgesetzt, daß der Buchstabe *S* nur zur Bezeichnung des Wachstumsknikkes, der den puberalen Längenschub einleitet, benutzt wird.

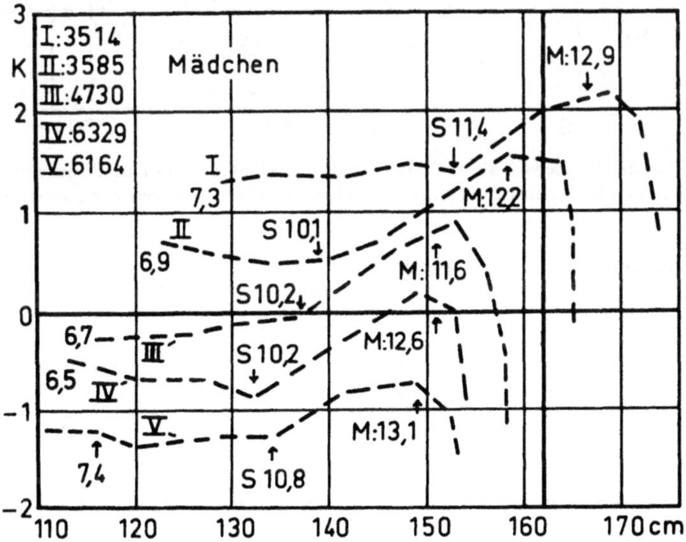

Abb. 2: Kurvenbild des Indikators *K* bei Längenverläufen, die im Schulalter nur einen puberalen Längenschub zeigen. Beginn des Längenschubes wird stets durch den Buchstaben *S* gekennzeichnet. Die dabeistehende Zahl bezieht sich auf das Alter im nächstgelegenen Untersuchungstermin. 5 Mädchen verschiedener absoluter Körpergröße im 7. Lebensjahr.

Trendwerte zu Abb. 2 in cm/J.

	I	II	III	IV	V
Kurvenbeginn bis *S*	5,9	5,2	6,0	5,3	5,5
im Längenschub	7,8	8,8	8,9	9,1	7,5

Für die Abb. 3 sind die Beispiele so ausgesucht worden, daß dem Beginn *S* des Schubes ein möglichst langes Verlaufsstück gleichförmigen Wachstums vorangeht, so daß man sieht, daß es auch bei Knaben solche Längenverläufe gibt.

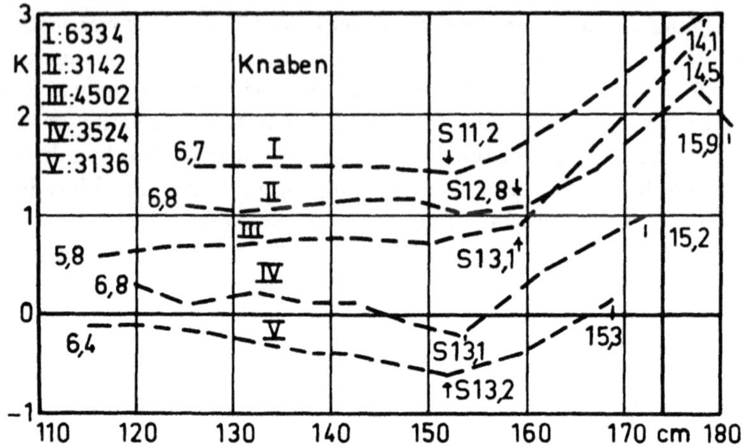

Abb. 3: Bei den Knaben ist die zu Abb. 2 analoge Verlaufsform noch deutlicher zu sehen, weil der Beginn *S* des puberalen Längenschubes meist später als bei den Mädchen einsetzt.

Trendwerte zu Abb. 3 in cm/J.

	I	II	III	IV	V
Kurvenbeginn bis *S*	5,7	5,7	6,0	5,3	5,4
im Längenschub	8,7	8,9	12,1	9,1	7,8

12. Wachstumsverläufe mit präpuberaler Längenhemmung und puberalem Längenschub.

In Abb. 4 u. 5 ist der 3. Haupttyp der pubertätsbedingten Wachstumsänderungen zu sehen. Bei diesen Kindern geht dem puberalen Längenschub *SM* eine vorübergehende Senkung der Längenrate gewissermaßen als Prodromalsymptom voraus. Diese beginnt meist in Form eines Wachstumsknickes nach unten, für den im folgenden der Buchstabe *R* reserviert sein soll. Das Verlaufsstück *RS* heiße eine „präpuberale Längenhemmung".

Die präpuberale Längenhemmung ist ein Beispiel dafür, daß ein besonders wegen seiner möglichen Ausartung klinisch wichtiges Wachstumsvorkommnis auf somatometrischem Wege genauer als auf somatoskopisch intuiti-

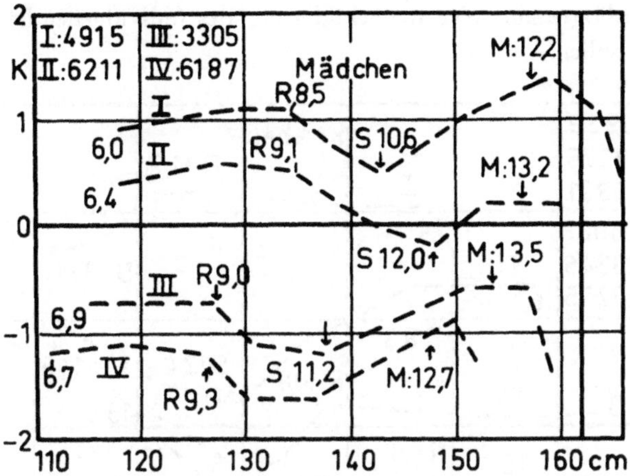

Abb. 4: Kurvenbild des Indikators *K* bei Längenverläufen mit einer präpuberalen Längenhemmung *(RS)* und einem puberalem Längenschub *(SM)*. 4 Mädchen verschiedener absoluter Körpergröße im 7. Lebensjahr.

vem Wege zu erfassen ist. Im Unterschied zum Wachstumsknick *S*, der von somatoskopisch auffälligen Habitusänderungen begleitet wird, scheint mit dem Wachstumsknick *R* im großen und ganzen nur eine Verlangsamung im Prozeßablauf des sogenannten „kontinuierlichen Gestaltwandels des Kindes" verbunden zu sein, die somatoskopisch nicht besonders in die Augen springt. Falls es dazu noch spezielle klinisch auffällige Begleiterscheinungen der präpuberalen Längenhemmung gibt, so müßten diese erst nach der somatometrisch leicht stellbaren Diagnose aufgesucht werden.

Im mittleren Fall liegt der Beginn *R* der präpuberalen Längenhemmung rund 2—3 J. vor dem Beginn *S* des Längenschubes.

Trendwerte zu Abb. 4 in cm/J.

	I	II	III	IV
Kurvenbeginn bis *R*	6,3	6,0	5,7	5,7
von *R* bis *S*	4,3	3,9	4,7	4,5
von *S* bis *M*	8,0	7,1	7,0	7,5

Der in Abb. 5 (vgl. auch Abb. 6) auftretende Buchstabe *T* dient zur Kennzeichnung des Beginns der Wachstumsauslaufs. Damit sind für den Beginn von Längenhemmung, Längenschub und Wachstumsauslauf die 3 Buchstaben *R*, *S* und *T* eingeführt worden, die analog dem Vorgehen bei der Beschreibung der

Elektrokardiogrammkurve die Schilderung des individuellen Längenverlaufs erleichtern sollen.

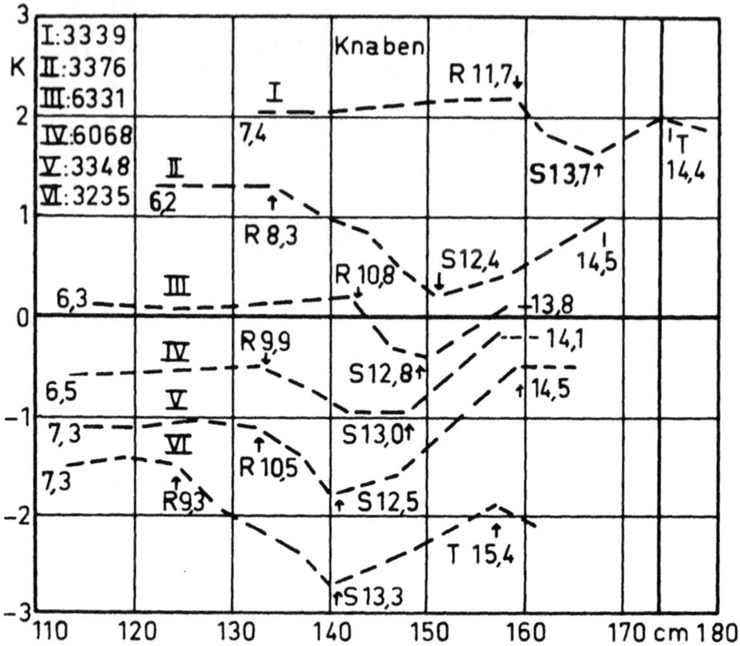

Abb. 5: Bei den Knaben können sich die zu Abb. 4 analogen Längenverläufe wegen der im Mittel späteren Reife der Knaben noch ausgeprägter entwickeln. Sie treten ebensogut bei überdurchschnittlich großen (I u. II) wie bei extrem kleinen (V u. VI) Lernanfängern auf.

Trendwerte zu Abb. 5 in cm/J.

	I	II	III	IV	V	VI
Kurvenbeginn bis *R*	5,9	5,7	5,8	5,7	6,0	5,5
von *R* bis *S*	4,2	4,3	4,0	4,5	4,4	4,1
im Längenschub	7,7	8,1	8,0	10,0	9,0	7,7

13. Betrachtung extrem großer puberaler Längenschübe. Ihr „längenaccelerierender" Effekt und ihr gleichförmiger Verlauf ohne „Höhepunkt" des Längenschubes.

In den bisher gezeigten Beispielen haben die mit dem Reifungsgeschehen in Zusammenhang stehenden Wachstumsänderungen sozusagen mittlere Ausmaße, so daß sie alle möglicherweise im Bereich einer „klinisch noch normalen" Variabilität des Wachstumsverlaufs liegen könnten. Das größte klinische Interesse dürften jedoch erst die Ausartungen der gezeigten Wachstumsverläufe erwecken, von denen jetzt die relativ am häufigsten vorkommenden Fälle geschildert werden.

Nach den in der Literatur zu findenden Beschreibungen des Pubertätswachstums gewinnt man den Eindruck, daß das Eintreten eines „mächtigen" Wachstumsnachschubes im Beginn der Pubertätsphase die Regel sei bzw. zum „normalen" Wachstum gehöre. Es interessiert jetzt die Qualifikation „mächtig" und es soll genauer studiert werden, wie weit die Ausmaße eines Längenschubes gehen können, wenn bis zum Wachstumsauslauf im Endeffekt die größtmögliche zusätzliche „pubertätsbedingte Längenzunahme" durch den puberalen Längenschub erzeugt wird.

Es ist klar, daß der Endeffekt nicht nur von der G r ö ß e des Betrages abhängt, um den sich die Längenrate beim Beginn des Längenschubes erhöht, sondern auch von der D a u e r d e s L ä n g e n s c h u b e s. Eine z. B. nur 1—1,5 J. dauernde Erhöhung der Rate von 6 auf 9 cm/J. hat offenbar einen kleineren Endeffekt als eine 4—5 Jahre dauernde Erhöhung von 6 auf nur 8 cm/J.

Der Vergleich von Abb. 2 mit Abb. 4 und von Abb. 3 mit Abb. 5 zeigt unmittelbar, daß die Wirkung des Längenschubes auf die K ö r p e r l ä n g e d e s E r w a c h s e n e n zunächst einmal davon abhängt, ob vorher eine präpuberale Längenhemmung bestand. In den Abb. 4 u. 5 wird durch den Längenschub praktisch nur der Längenverlust wieder aufgeholt, der durch die vorangehende Längenhemmung entstanden ist. Dies ist die relativ am häufigsten vorkommende Situation. Wenn jedoch wie bei Abb. 2 u. 3 die präpuberale Längenhemmung ausbleibt, kann sich der Längenschub ohne Beeinträchtigung voll auswirken. Aus all dem folgt, daß eine durch das Reifungsgeschehen hinzukommende „Längenacceleration" des Erwachsenen auch darin ihren Grund haben kann, daß die präpuberale Längenhemmung ausbleibt. Dasselbe besagt die umgekehrte Formulierung, daß das Eintreten einer präpuberalen Längenhemmung auf die Körperlänge des Erwachsenen im Mittel einen verkleinernden Effekt hat.

Es sei darauf hingewiesen, daß der Längenschub somatoskopisch mehr auffallen muß, wenn er auf eine präpuberale Längenhemmung folgt. Aus den Trendwerten zu Abb. 5 ist z. B. zu ersehen, daß im Knickpunkt *S* die Längenrate vom Wert 4—4,5 cm der Längenhemmung auf die Werte 7—10 cm des Schubes springt, während bei Abb. 3 der Sprung auf diese Werte des Schubes von den Werten 5,5—6,0 cm ausgeht. Wenn daher die „M ä c h t i g k e i t" des Längenschubes nach der E r h ö h u n g d e r L ä n g e n r a t e beurteilt wird, so erscheint er dann am „mächtigsten", wenn er an eine Längenhemmung anschließt. Dies ist nach dem Gesagten aber grade derjenige Fall, der im allgemeinen nichts zu einer wesentlichen Erhöhung der Körperlänge des Erwachsenen beiträgt, weil eine „Retardierung" durch die präpuberale Längenhemmung vorausgegangen ist.

In Abb. 6 ist gezeigt, wie nach der Indikatorkurve die stärksten Längenschübe bei Knaben aussehen, wenn die präpuberale Längenhemmung ausfällt.

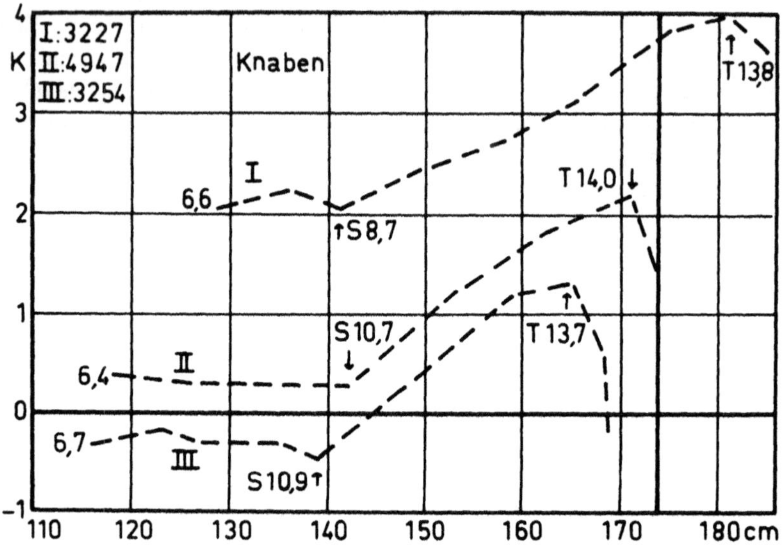

Abb. 6: Längenverläufe mit extrem langem puberalem Längenschub *(ST)* und ohne präpuberale Längenhemmung bei Knaben.

Trendwerte zu Abb. 6 in cm/J.

	I	II	III
Kurvenbeginn bis *S*	5,7	5,7	5,5
im Längenschub	7,9	9,1	11,1

Bei der obersten Kurve I ist der Trendwert des Längenschubes mit 7,9 cm/J. um rund 3 cm kleiner als der Trendwert 11,1 cm/J. des Schubes der untersten Kurve III. Wie aus den Altersangaben zu *S* und *T* hervorgeht, dauert bei I der Längenschub rund 5 J. und bei III nur rund 3 J. Der erste Längenschub schafft im ganzen 38 cm Körperlänge und der letztere nur 25 cm. Hieraus ist ersichtlich, daß die Dauer des Längenschubes eine keineswegs zu vernachlässigende Größe ist, wenn es auf die Auswirkung des Längenschubes auf die Körperlänge des Erwachsenen ankommt.

Trendwerte zu Abb. 7 in cm/J.

	I	II	III	IV
Kurvenbeginn bis *S*	5,7	5,7	6,0	5,5
im Längenschub	6,6	6,7	8,2	7,5

Bei Vergleich der Abb. 7 mit Abb. 2 ist sofort zu sehen, daß gemäß der Erhöhung der Ordinate von *S* bis *M* bei den Mädchen der Abb. 7 der Längenschub praktisch denselben Endeffekt auf die Körpergröße wie bei den Mädchen der Abb. 2 hat. Die Erhöhungen der Längenrate um 1—2 cm bei den Mädchen der Abb. 7 sind nicht grade als imponierend anzusprechen. Trotzdem entsteht ein merkbarer Effekt dadurch, daß diese Längenschübe eine Dauer von 4—5 Jahren haben, während die Schübe in Abb. 2 nur 1,5—3 Jahre lang dauern.

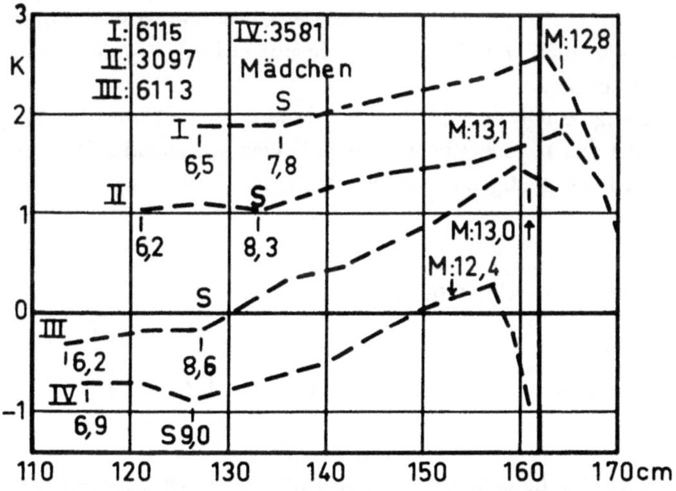

Abb. 7: Die zu Abb. 6 analoge Verlaufsform bei Mädchen. Man beachte in beiden Abb. die durch praktische Geradlinigkeit angezeigte praktisch konstante Wachstumsgeschwindigkeit während des extrem langen puberalen Längenschubes.

Bei den langen Längenschüben der Abb. 6 u. 7 fällt ferner auf, daß sie einen praktisch gleichförmigen (geradlinigen) Verlauf haben. Die Wachstumsgeschwindigkeit steigt nicht allmählich an, läuft nicht durch ein Maximum hindurch und fällt nicht wieder allmählich ab. Zwischen *S* und *T* bezw *S* und *M* ist der Kurvenverlauf vielmehr so ausgeprägt geradlinig, daß kein Punkt stärkster Wachstumsgeschwindigkeit sichtbar ist. Dies besagt, daß sich relativ plötzlich im Punkt *S* ein anderer Wachstumszustand eingestellt hat, der praktisch unverändert bis zum Beginn des Wachstumsauslaufs beibehalten wird, so daß es von dynamisch morphologischer Sicht keinen Höhepunkt des Längenschubes gibt. Von einem „Höhepunkt" des Längenschubes zu sprechen, hätte nur dann einen konkreten und mathematisch faßbaren Sinn, wenn die Wachstumsgeschwindigkeit inmitten des Längenschubes durch ein ausgesprochenes Maximum hindurchgehen würde. Die gezeigten Beispiele sind keine Ausnahmefälle, sondern sind für das Gros der langen Längenschübe repräsentativ.

14. Ausartungen der präpuberalen Längenhemmung und ihre Bedeutung für die Fälle extrem langsamen Schulkindwachstums.

Weitere interessante Beobachtungen liefern die Ausartungen der präpuberalen Längenhemmung. Diese treten in extremen Ausmaßen vorwiegend bei den Knaben auf (Nr. 21), was darauf hinweist, daß hierbei Wachstumsfaktoren, die irgendwie auch mit dem Geschlechtsunterschied zusammenhängen, eine Hauptrolle spielen.

Abb. 8 zeigt einige der am längsten dauernden präpuberalen Längenhemmungen, bei denen nach einem anfangs kurzen horizontalen Verlauf der Indikatorkurve noch genügend deutlich der Beginn *R* der Längenhemmung zu erkennen ist.

Trendwerte zu Abb. 8 in cm/J.

	I	II	III	IV	V
von *R* bis *S*	4,5	4,2	4,3	4,0	3,9

Die Dauer der Längenhemmung beträgt bei diesen Knaben rund 5—6 J. Durch diese lange Dauer wird (im Vergleich zur „normalen" Wachstumsgeschwindigkeit von 5,7—6,0 cm/J.) ein Längendefizit von rund 12 cm erzeugt, während z. B. bei den in Abb. 5 gebrachten Fällen mittleren Ausmaßes das analoge Längendefizit nicht mehr als 4—6 cm ausmacht.

Bemerkenswert ist ferner, daß diese extrem langen präpuberalen Längenhemmungen auch bei Lernanfängern durchschnittlicher bis überdurchschnittlicher Körpergröße (Knaben I—III) auftreten, so daß auf eine extrem große Wachstumsintensität der ersten 6 Lebensjahre eine extrem kleine des Schulkindalters folgen kann.

Der Vergleich aller Individualverläufe des Beobachtungsgutes ergibt, daß eine Längenrate von 3,7—4,5 cm den niedrigsten Wert der Wachstumsgeschwindigkeit darstellt, den eine präpuberale Längenhemmung „normalerweise“ noch annehmen kann, d. h. in auffallend vielen Fällen wirklich annimmt.

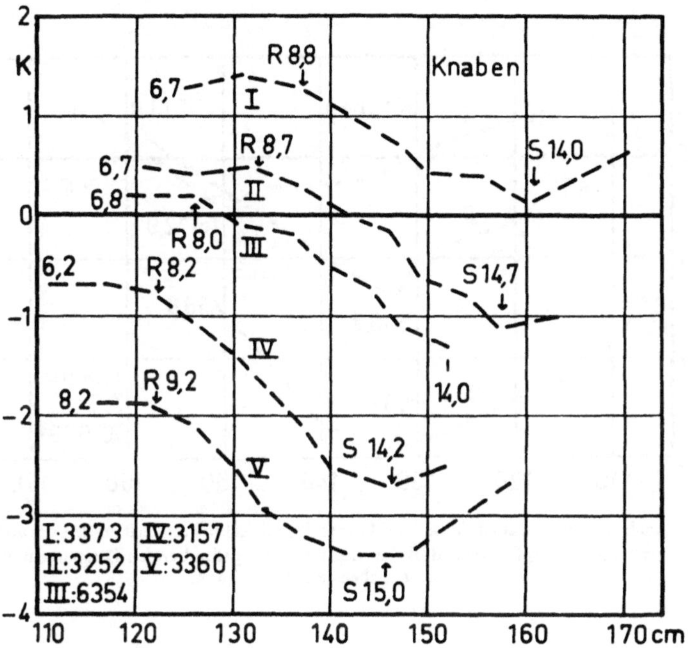

Abb. 8: Kurvenbild des Indikators *K* bei extrem langen im 9.–10. Lebensjahr beginnenden präpuberalen Längenhemmungen *(RS)* bei Knaben. Sie treten auch bei Lernanfängern durchschnittlicher bis überdurchschnittlicher Körpergröße auf (I – III).

Noch geringere Werte der Wachstumsgeschwindigkeit von ungefähr 1,5–3,0 cm/J. sind vorwiegend nur bei der Diagnose Zwergwuchs zu finden oder treten in Verbindung mit besonderen Krankheiten auf, wodurch sie biologisch erklärt sind.

Es ist klar, daß diese extremen Formen der präpuberalen Längenhemmung ein maßgebender Faktor für kleine Endwerte von Erwachsenen sind. Bei vielen Kindern folgt auf eine so starke Längenhemmung nur noch ein sehr schwacher Längenschub, indem z. B. rund 1–2 J. vor dem Wachstumsauslauf eine Erhöhung der Längenrate auf nur 6–7 cm/J. eintritt.

Da die präpuberale Längenhemmung bereits 4–5 J. vor dem Pubertätsbeginn (*S*) einsetzen kann, so muß es bei frühpuberierenden Kindern möglich sein, daß sie sich bei der Lernanfängeruntersuchung bereits in der Phase der präpuberalen Längenhemmung befinden. Die folgenden beiden Abb. 9 u. 10

zeigen für 3 Knaben und 4 Mädchen Längenverläufe, die nach allem bisher Ausgeführten so zu deuten wären:

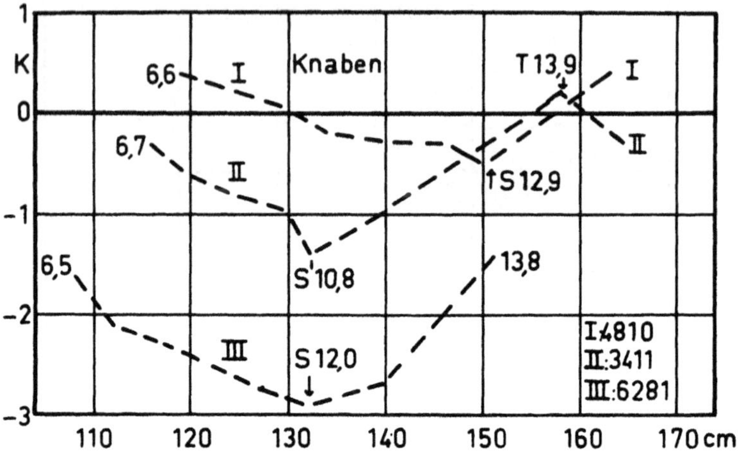

Abb. 9: Nach diesem Verlaufsbild des Indikators *K* muß es im Vergleich zu den vorangehenden Abbildungen sogar möglich sein, daß der Beginn *R* der präpuberalen Längenhemmung noch vor das 7. Lebensjahr fallen kann.

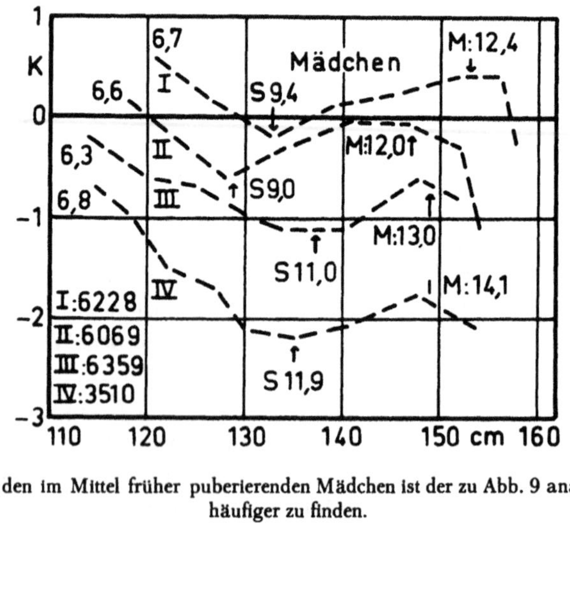

Abb. 10: Bei den im Mittel früher puberierenden Mädchen ist der zu Abb. 9 analoge Fall noch häufiger zu finden.

Trendwerte zu Abb. 9 in cm/J.

	I	II	III
Kurvenbeginn bis *S*	5,0	4,2	4,5
im Längenschub	9,3	8,5	11,0

Trendwerte zu Abb. 10 in cm/J.

	I	II	III	IV
Kurvenbeginn bis *S*	4,5	4,2	4,5	3,6
im Längenschub	6,6	6,5	7,5	6,7

Nach den Trendwerten und nach dem Kurvenbild ist es wahrscheinlich, daß der vor dem Längenschub liegende Kurventeil die präpuberale Längenhemmung bedeutet. Zur weiteren Erhärtung dieser Vermutung fehlt jedoch der entsprechend lange vorangehende Wachstumsverlauf im Kleinkindalter. Die später folgende Besprechung der Wachstumsvariabilität in den ersten 6 Lebensjahren wird zeigen, daß man mit der Deutung dieser Verläufe etwas vorsichtig sein muß. Es kann daher nur die Behauptung vertreten werden, daß bei einem Teil solcher Wachstumsverläufe die Vermutung bestimmt zutrifft, aber nicht in jedem Fall zuzutreffen braucht.

Noch schwieriger wird die Stellungnahme bei den in Abb. 11 gebrachten Verläufen.

Sie beginnen bereits von der Lernanfängeruntersuchung ab mit einer extrem kleinen Längenrate, die in der Größenordnung der Rate einer präpuberalen Längenhemmung liegt, und behalten diese kleine Rate bis auf einige unsichere Schwankungen das ganze Schulalter hindurch bei bzw. bis zum Knickpunkt S, der erst am Ende des Schulalters einsetzt.

Dies sind Beispiele für den Fall extrem langsamen Schulkindwachstums, der am stärksten von allen Möglichkeiten das Längenwachstum bis zum Wachstumsauslauf hintenanhält. Am meisten verwundert, daß ein solcher Verlauf auch bei einem überdurchschnittlich großen (I) und bei einem durchschnittlich großen Lernanfänger (II) vorkommt. Bei den Knaben III und IV hingegen würde man es verständlich finden, daß auf ein offenbar relativ langsames Wachstum in den ersten 6 Lebensjahren auch ein extrem langsames im Schulkindalter folgt. Dies zeigt, daß zwischen den Wachstumsverhältnissen der ersten 6 Lebensjahre und denen des Schulkindalters biologisch eine gewisse Unabhängigkeit bestehen muß.

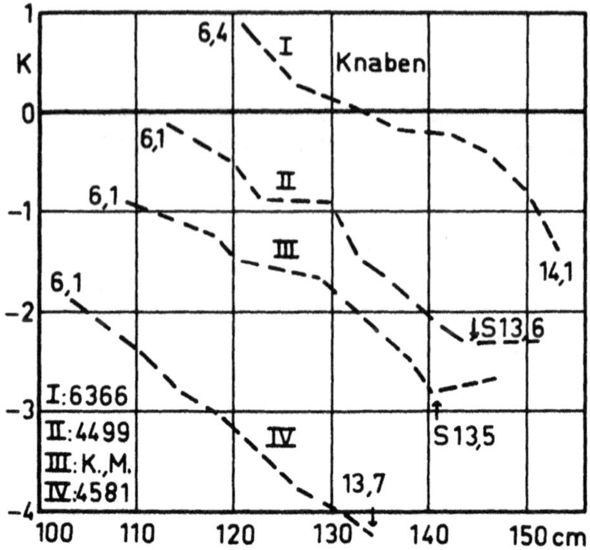

Abb. 11: Beispiele für den extremen Fall langsamen Schulkindwachstums, das vom 7. bis 14. Lebensjahr mit extrem kleiner Längenrate, die sonst nur bei der präpuberalen Längenhemmung auftritt, verläuft. Dieser Verlauf ist häufiger bei Knaben als bei Mädchen zu finden und ist auch bei durchschnittlicher (II) und überdurchschnittlicher (I) Körpergröße des Lernanfängers zu beobachten.

Trendwerte zu Abb. 11 in cm/J.

	I	II	III	IV
Kurvenbeginn bis *S* resp. Kurvenende	4,2	4,1	4,2	3,9

15. Übersicht über die verschiedenen Wachstumsverläufe mit extrem großer Längenrate in den ersten 4 Schuljahren.

In allen bisher gezeigten Beispielen betrug die Wachstumsgeschwindigkeit in den ersten 3—4 Schuljahren nicht mehr als 6,3 cm/J. Bekanntlich können hier auch merkbar größere Wachstumsgeschwindigkeiten auftreten. Zur Vervollständigung des Bildes von der Wachstumsvariabilität sei daher noch kurz geschildert, welche Verlaufsformen bei denjenigen Kindern als Haupttypen auftreten, die in den ersten 3 Schuljahren die relativ größte Wachstumsgeschwindigkeit im ganzen Beobachtungsgut haben.

Bei den Knaben der Abb. 12 ist wenig daran zu zweifeln, daß die abfallende Strecke *RS* die präpuberale Längenhemmung bedeutet.

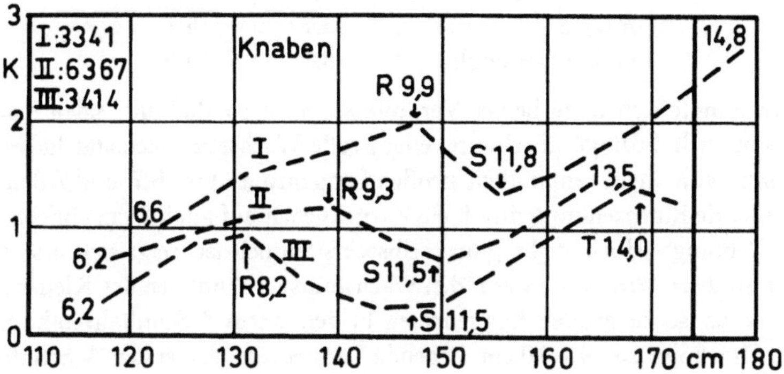

Abb. 12: Kurvenbild des Indikators *K* bei Längenverläufen mit überdurchschnittlich großer Wachstumsgeschwindigkeit in den ersten 3—4 Schuljahren und einer anschließenden präpuberalen Längenhemmung.

Trendwerte zu Abb. 12 in cm/J.

	I	II	III
Kurvenbeginn bis *R*	7,3	6,8	9,0
R bis *S*	3,7	4,5	5,0
im Längenschub	12,0	7,9	9,0

Bei den 2 Knaben der Abb. 13 ist es denkbar, daß die horizontale Verlaufsstrecke *RS* die präpuberale Längenhemmung bedeuten könnte.

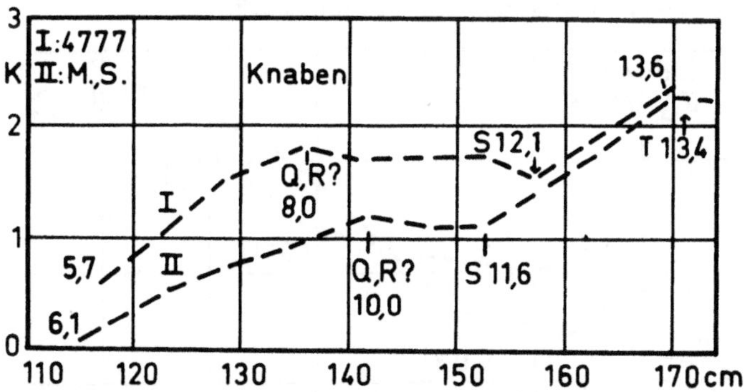

Abb. 13: Längenverläufe mit überdurchschnittlich großer Wachstumsgeschwindigkeit in den ersten 3—4 Schuljahren, der ein horizontales Verlaufsstück der Indikatorkurve (Jahresrate 5,7 cm/J) folgt, deren Deutung unklar ist (vgl. d. Text S. 60).

Trendwerte zu Abb. 13 in cm/J.

	I	II
Kurvenbeginn bis *R*	8,7	7,8
R bis *S*	5,7	5,7
im Längenschub	8,7	10,0

Man könnte sich diese beiden Verläufe so erklären, daß die beiden Knaben konstitutionell bedingt überhaupt eine große Wachstumsintensität haben, so daß sich von ihren anfänglich großen Längenraten von 8,7 und 7,8 cm die präpuberale Ratensenkung durch ein Zurückgehen auf nur 5,7 cm abhebt. Daß diese Deutung jedoch nicht ganz selbstverständlich ist, zeigt sich erst, wenn später studiert wird, wie es von den Wachstumsverhältnissen des Kleinkindalters heraus so zu großen Längenraten in den ersten 3 Schuljahren kommen kann. Die hohe bei 9 – 10 cm liegende Längenrate der ersten 4 Schuljahre könnte auch die simple Beibehaltung einer für das Kleinkindalter unauffälligen Längenrate bis zum 9.–10. Lebensjahr bedeuten, die wegen einer Disfunktion bei der Wachstumssteuerung nicht „rechtzeitig“ auf den Wert von 5,5–6,5 cm/J gesenkt wurde. Dann bedeutet der Beginn des horizontalen Kurvenverlaufes nicht den Knickpunkt *R* zu einer präpuberalen Längenhemmung sondern den Knickpunkt *Q*, der normalerweise im Mittel im 4.–5. Lebensjahr auftritt. Die horizontale Strecke würde dann den noch übrigbleibenden Rest vom normalen Schulkindwachstum vor dem Beginn der pubertätsbedingten Wachstumsänderungen darstellen. Dann gehörten diese beiden Verläufe zu denen ohne präpuberale Längenhemmung. Die Unsicherheit der Deutung zeigt, wie wichtig in einigen Fällen die Kenntnis des Wachstumsverlaufs der ersten 6 Lebensjahre ist.

Der Knabe (I) und das Mädchen (II) in Abb. 14 sind ein Beispiel für den Fall, daß bei relativ großer Anfangsgeschwindigkeit die präpuberale Längenhemmung ausfällt und nur der Längenschub auftritt.

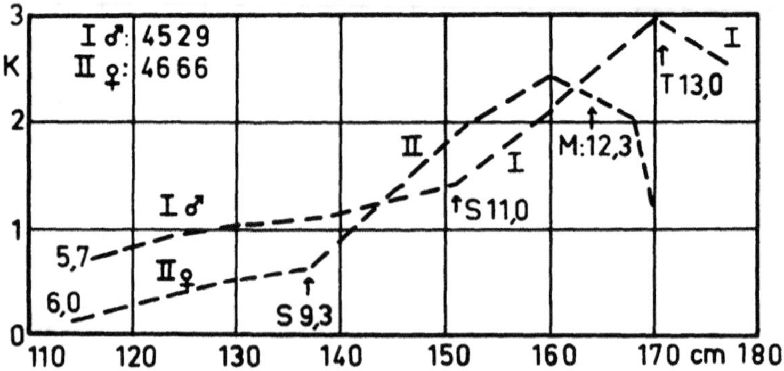

Abb. 14: Wenn bei den Verläufen der Abb. 12 die präpuberale Längenhemmung *(RS)* ausfällt, entsteht dieses Bild.

Trendwerte zu Abb. 14 in cm/J.

	I	II
Kurvenbeginn bis *S*	6,6	7,0
im Längenschub	9,5	9,6

Die letzte Möglichkeit, daß eine überdurchschnittlich große Wachstumsgeschwindigkeit in Form eines durchgehend gleichförmigen Wachstums konstant bestehen bleibt, tritt in der Hauptsache wieder nur bei Mädchen auf (unter 1000 Knaben nur 1–3 Fälle). Hierzu bringt Abb. 15 4 Beispiele:

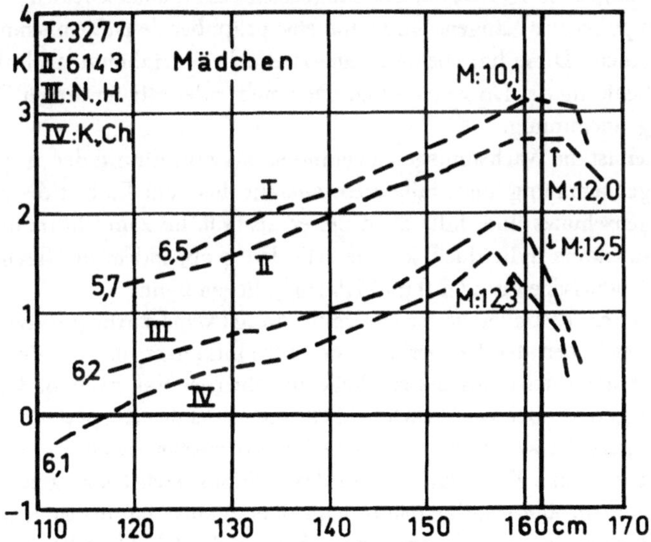

Abb. 15: Vorwiegend bei Mädchen treten Längenverläufe auf, die bis zur Menarche bezw. bis zum Wachstumsauslauf gleichförmig mit überdurchschnittlich großer Längenrate und ohne merkbare präpuberale Längenhemmung und ohne puberalen Längenschub hindurchlaufen.

Trendwerte zu Abb. 15 in cm/J.

	I	II	III	IV
Kurvenbeginn bis *M* (bzw. *T*)	7,6	7,2	7,3	7,7

16. Zusammenfassung zu den Nrn. 10–15.

Die in Abb. 1–15 gebrachten Beispiele sind so ausgesucht, daß sie eine vollständige Übersicht über die von biologischer Sicht auffälligen Hauptmomente der Variabilität des Längenwachstums nach mittlerem und extremem Fall vermitteln. Die Hauptpunkte der Variabilität sind kurz aufgezählt folgende:

1.) Es braucht weder ein puberaler Längenschub noch eine präpuberale Längenhemmung aufzutreten.

2.) Es tritt nur ein puberaler Längenschub auf. Bei diesem ist eine zweifache Variabilität nach der Größe der Erhöhung der Längenrate und nach mehr oder minder langer Dauer des Längenschubes zu unterscheiden.

3.) Dem puberalen Längenschub kann eine präpuberale Längenhemmung vorausgehen. Diese hat ebenfalls eine zweifache Variabilität nach der Größe der Senkung der Längenrate und nach mehr oder minder langer Dauer der Längenhemmung.

4.) Ferner ist die Wachstumsgeschwindigkeit bis zum Eintritt der präpuberalen Längenhemmung und, falls diese ausfällt, bis zum Eintritt des puberalen Längenschubes und, falls auch dieser ausfällt, bis zum Eintritt des Wachstumsauslaufs individuell sehr verschieden groß, indem der Trendwert im Bereich zwischen rund 4,0 und 7,5 cm/J. liegen kann.

5.) Es ist kein besonders fester Zusammenhang (keine starke positive Korrelation) zwischen der Körperlänge des Lernanfängers und der Verlaufsform des Längenwachstums bis zur Reife zu sehen, so daß nicht mit klinisch befriedigend großer Wahrscheinlichkeit allein aus der Körperlänge des Lernanfängers der weitere Wachstumsverlauf voraussagbar ist.

6.) Ein bestimmter Wachstumsablauf des Reifungsgeschehens kann im ganzen genommen, altersmäßig relativ früh oder relativ spät liegen, je nach dem, ob es sich um ein früh- oder spätpuberierendes Kind handelt. Demzufolge ist es z.B. möglich, daß eine präpuberale Längenhemmung schon im 6. oder auch erst im 10. Lebensjahr beginnt.

Es bleiben schätzungsweise nur noch 3–5% der Körperlängenverläufe übrig, deren Bild nicht einer der gezeigten Verlaufsformen im Prinzip entspricht. Nach der üblichen Einschätzung der ausgesprochenen Seltenheit eines Ereignisses als eines höchstwahrscheinlich abwegigen bzw. pathologischen Falles können diese Verläufe erst diskutiert werden, nachdem die gezeigte häufigere Variabilität genauer biologisch erforscht ist.

Die häufig gehörte Behauptung, daß das Längenwachstum in irregulärer Weise bald nach oben und bald nach unten abweiche, kann auch durch die gezeigte enorme Variabilität der beiden Erscheinungen einer präpuberalen Längenhemmung und eines puberalen Längenschubes induziert worden sein. An Hand der gezeigten Beispiele ist leicht zu sehen, daß in relativ kurzen Beobachtungszeiten, die sich nicht über das ganze

Schulalter erstrecken, nicht sicher zu erkennen ist, daß eine plötzliche Senkung der Längenrate praktisch immer die präpuberale Längenhemmung und eine plötzliche Erhöhung immer den Beginn des puberalen Längenschubes bedeutet. Hinzu kommt noch, daß die übliche Methode des Vergleichs des Individualverlaufs mit dem Mittelwertverlauf aus der Durchschnittsbevölkerung sowieso mathematisch unzweckmäßig zum Erkennen des systematischen Variationsprinzips des Längenwachstums ist (wie bereits in Nr. 3 ausgeführt wurde).

III. Abschnitt: Die wachstumsbiologische Deutung der Variabilität des Körperlängenwachstums im Schulkindalter.

17. Die individualpathologisch symptomatische Bedeutung der Variabilität der präpuberalen Längenhemmung und des puberalen Längenschubes.

Die Erklärung für den Befund, daß die präpuberale Längenhemmung und der puberale Längenschub je eintreten oder ausbleiben können, ist offenbar bei den (hormonalen oder andersartigen) Komponenten der Wachstumssteuerung zu suchen. Der bereits von Marañon durchgeführte Versuch, die Altersstufen nach dem ihnen eigentümlichen Vorwiegen bestimmter endokriner Beeinflussungen zu unterscheiden, ist zugleich auch die bestangepaßte Erklärung der gezeigten Wachstumsvariabilität, wenn neben den Hormonen auch andersartige Wuchsstoffe mit in Erwägung gezogen werden. Die Feststellung, daß vor dem Längenschub eine Längenhemmung eintreten oder ausbleiben kann, daß aber auch der Längenschub selbst ausfallen kann, besagt folgendes: Im Verlaufe des Reifungsgeschehens stellen sich nacheinander zwei bestimmte Situationen bei der Wachstumssteuerung ein. Mit der zuerst auftretenden Situation ist die Disposition zu einer Verlangsamung des Längenwachstums verknüpft und mit der zweiten die Disposition zu einer Beschleunigung. Die bei der zweiten Situation hervorgerufene Beschleunigung tritt weitgehend unabhängig davon auf, ob zuvor eine Verminderung der Wachstumsgeschwindigkeit aufgetreten ist oder nicht. Die statistische Korrelation ist absolut so klein, daß sie für individualdiagnostische Zwecke nicht brauchbar ist.

Die auffallend große Variabilität der Erscheinungsform von Längenhemmung und -schub stimmt weitgehend überein mit der bekannten Variabilität der endokrinen Drüsen nach Über- und Unterfunktion und nach ihrem zu frühen oder zu späten Einsetzen bei physiologischer Gegebenheit. Es ist wahrscheinlich, daß sich wachstumsfördernde oder -hemmende Stoffe andersartiger Natur auch nicht anders verhalten. Der Unterschied zwischen Knaben und Mädchen bezüglich der Häufigkeit der verschiedenen Verlaufsformen (s. d. Nr. 21) weist jedoch speziell darauf hin, daß die in Frage kommenden Faktoren irgendwie noch in Beziehung zum Geschlechtsunterschied stehen.

Der Ausprägungsgrad einer präpuberalen Längenhemmung und eines puberalen Längenschubes ist sozusagen der Gradmesser einer bestimmten eingetretenen endokrinen Wachstumslage nach stark und schwach und nach Zeitdauer. Hierin ist die klinisch wichtige Bedeutung dieser Wachstumsereignisse begründet, indem nach ihnen genauer beurteilbar ist, wann, wie und ob überhaupt die betreffende Wachstumslage im Individualfall eintritt.

Längenhemmung und Längenschub sind aller Wahrscheinlichkeit nach nur eines der möglichen Symptome (Merkmale) der zugrunde liegenden Wachstumslage. Die weitere wichtige Frage ist daher, welche anderen klinisch wichtigen Besonderheiten mit der betr. Wachstumssituation noch verknüpft sind. Rein praktisch könnte hier eine mehr rein klinisch wichtige Seite nach Alterierung der „Reaktivität" des Kindes und eine mehr schulärztlich pädagogisch wichtige Seite nach Alterierung der Psyche und des Gemüts unterschieden werden. Es ist zweifellos wichtig, zu wissen, ob gewisse Schwierigkeiten, die das Kind den Lehrern und Eltern macht, aller Wahrscheinlichkeit nach auf das Konto einer vorübergehenden besonderen Situation im Wachstumsablauf zu setzen sind und noch nicht Veranlassung dazu geben, entscheidende Urteile für den weiteren Lebenslauf des Kindes zu fällen.

Es ist möglich, in diese letzteren Probleme einzudringen, bevor genaueres über die Natur der in Frage kommenden Wuchsstoffe bekannt ist. Um z. B. die Auswirkung einer präpuberalen Längenhemmung zu ergründen, ist nach bekannten korrelationsstatistischen Verfahren zu untersuchen, wie die Entwicklung weiterläuft, wenn erstens eine starke präpuberale Längenhemmung eintritt oder zweitens fortbleibt. Es ist klar, daß für eine solche Untersuchung zunächst nur ausgeprägte Verlaufsformen genommen werden, weil hierbei die größte Chance besteht, daß die verschiedenen Auswirkungen auf die Entwicklung sichtbar werden. Im großen und ganzen sind die Verfahren der sogenannten Probandenmethode anzuwenden.

18. Einführung des Begriffs „Kritischer Wachstumspunkt" an Stelle des Begriffs „Zäsur des gesamten Wachstumsgeschehens".

Empirisch somatometrisch ist nur feststellbar, daß im Mittel ungefähr 6–7 J. vor der Reife eine „Disposition" zur Verlangsamung und ungefähr 2–4 J. vor der Reife eine „Disposition" zu einer Steigerung des Längenwachstums besteht. In dem Wort „Disposition" ist enthalten, daß die Erscheinung ausfallen und auch alle möglichen Ausmaße, nicht nur nach Stärke, sondern auch nach frühem oder spätem Eintritt annehmen kann. Somit ist somatometrisch nicht nachweisbar, daß beim Gros der Kinder an bestimmten Entwicklungsstellen physiologisch notwendig eine Zäsur des gesamten Wachstumsgeschehens in dem Sinne eintritt, daß dabei stets bestimmte Änderungen bei den

Wachstumsgeschwindigkeiten der Körpermaße stattfinden. Anstatt von Zäsuren muß vielmehr von kritischen Wachstumspunkten gesprochen werden, weil die Wachstumsänderungen im Individualfall sowohl eintreten wie ausbleiben können. Das Problem der Existenz von Wachstumsphasen wird damit durch die fundamentale Frage abgelöst, was eigentlich die Ursachen dafür sind, daß bei einem Kind, z. B. eine präpuberale Längenhemmung eintritt und beim anderen ausbleibt, oder daß z. B. ein puberaler Längenschub eintritt oder ausbleibt. Die aus der Verursachung folgende klinische und wachstumsbiologische Bedeutung gestattet erst, dem Begriff einer biologisch „normalen" Wachstumsphase wieder näherzutreten.

19. Die diagnostische Unzulänglichkeit der Begriffe „längenacceleriert" und „-retardiert".

Die Diagnose „längenacceleriert" oder „-retardiert" wird üblicherweise nach der Abweichung der Istlänge vom altersgemäßen Mittelwert aus der Durchschnittsbevölkerung gestellt. Sie liegt somit im Rahmen der reinen querschnittsstatistischen Normwertung und sagt nicht Genaueres darüber aus, wie es zu der Abweichung gekommen ist. Aus den Abb. 1—15 ist unmittelbar ersichtlich, wie groß die Verschiedenartigkeit der Verläufe ist, die zu einer bestimmten Körperlänge in einem bestimmten Alter hinführen. Das übliche rein querschnittsstatistische Vorgehen ergibt somit keine befriedigende längsschnittmäßige Charakterisierung des individuellen Wachstumsverlaufs. Die geschilderte Wachstumsvariabilität zeigt z. B., daß im Schulkindalter die längsschnittmäßigen Charakteristika einmal bei dem verschiedenartig möglichen Eintritt einer präpuberalen Längenhemmung und eines puberalen Längenschubes liegen. Sodann kommt es noch darauf an, wie groß die individuelle Wachstumsgeschwindigkeit bis zum Eintritt der Längenhemmung, falls diese ausfällt, bis zum Eintritt des Längenschubes usw. ist. Schließlich ist noch numerisch maßgebend, von welchem individuellen Wert der Körperlänge im 6.—7. Lebensjahr der beobachtete Verlauf ausgeht. Diese Einzelangaben treten somit bei einer längsschnittmäßigen Beurteilung individuell schnelleren oder langsameren Längenwachstums an die Stelle der üblichen rein querschnittsstatistischen Bewertung der Istlänge nach ihrer Abweichung vom altersgemäßen Durchschnittswert.

Die einzig mögliche Deutung der bisherigen Begriffe „längenacceleriert" und „längenretardiert", die zu keinen logischen Widersprüchen führt, besteht darin, daß sie ausdrücklich als eine rein querschnittsstatistische Konstatierung im Vergleich zum altersgemäßen Mittelwert erklärt werden. Bei ihrer Anwendung ist im Auge zu behalten, daß aus ihnen nichts Genaueres über die Wachstumsgeschwindigkeit im Zeitpunkt der Untersuchung und über die individuelle Art des bis dahin verflossenen Wachstumsverlaufs folgt. Dies sind jedoch die eigentlichen Ausgangspunkte für eine längsschnittmäßige Wachstumsbeurteilung des Individualverlaufs. Da die Begriffe „längenacceleriert" und „-retardiert" somit leider für die rein querschnittsstatistische Normwertung verbraucht sind, müssen für die rein längsschnittmäßige dynamisch morphologische Wachstumsbeurteilung andere Ausdrücke dafür eingeführt werden. Von mathematischer Sicht empfiehlt es sich jedoch nicht, die genaue numerische Beschreibung des Individualverlaufs unnötig von vornherein durch eine besondere Nomenklatur zu verschlüsseln, solange man sich noch im Anfangsstadium der Erforschung der Wachstumsvariabilität befindet. Da sich die verschiedensten Kombinationen von Wachstumsänderungen in den kritischen Wachstumspunkten zu einem individuellen Sonderverlauf zusammenschließen können, erscheint es praktisch aussichtslos, für jeden individuellen Sonderverlauf eine treffende Bezeichnung finden zu können.

IV. Abschnitt: Statistische Übersicht über das individuell verschiedene Auftreten der Körperlängenschübe und -hemmungen im Schulalter bis zum 14./15. Lebensjahr.

20. Vorbemerkung über die Genauigkeit der Auszählung.

Die gebrachten Beispiele individuellen Wachstums zeigen, daß es weiter keine Schwierigkeiten hat, beim Vergleich verschiedener Kinder nach dem bloßen Blick auf das Indikatordiagramm festzustellen, ob starke Längenschübe und -hemmungen vorhanden sind oder ganz fehlen. Indessen sind der „Beginn" und das „Ende" einer solchen Wachstumserscheinung keine Größen, die vollkommen „exakt" bestimmbar und meßbar sind. Es sind streng genommen relativ kurzfristige, aber immerhin noch fließende Übergänge von einem zum anderen Wachstumszustand, die nur wegen ihrer relativen Kurzfristigkeit wie ein „Knick" in der im Vergleich dazu relativ langen Wachstumskurve erscheinen. Bei der folgenden Auszählung bin ich so vorgegangen, daß ich nach dem Kurvenbild dasjenige Lebensjahr abgeschätzt habe, das den Hauptteil des Wachstumsknickes (sozusagen sein Zentrum) enthält.

Ferner können Wachstumsknicke im Grenzfall noch dadurch undeutlich werden, daß sich die Wachstumsgeschwindigkeit nur um einen relativ geringen Betrag ändert. Dann ist der Abknickwinkel auch im Indikatordiagramm so klein, daß er nicht mehr sicher abschätzbar bzw. erkennbar ist. Außerdem ist dann der Einwand möglich, daß der Anschein eines Knickes auch dadurch entstanden sein könnte, daß eine oder zwei der Messungen rein zufällig einen größeren noch möglichen positiven oder negativen Meßfehler haben, der zufällig im gesamten empirischen Kurvenverlauf so wirkt, daß der Anschein eines Wachstumsknickes entsteht. Alle anscheinenden Wachstumsknicke, die gegen einen solchen Einwand fehlerkritisch nicht zu verteidigen sind, habe ich als „nicht vorhanden" gezählt. Ich befolge dabei das heuristische Prinzip, daß für die Erforschung der Wachstumsdynamik nur die klaren und ausgeprägten Fälle der zweckmäßige Ausgangspunkt sind.

21. Der geschlechtsbedingte Unterschied in der Häufigkeit des Auftretens von präpuberaler Längenhemmung und puberalem Längenschub.

Die Tab. 3 bringt das Ergebnis einer unter diesen Gesichtspunkten durchgeführten Auszählung der kritischen Punkte *R, S, u. T* des Längenwachstums im Schulalter bis zum 14./15. Lebensjahr. Dies ist zwar wieder eine etwas ungenaue Begrenzung, die sich jedoch bei der Diskussion der Befunde als unerheblich herausstellen wird, weil die Lebensjahre mit dem häufigsten Auftreten der kritischen Wachstumspunkte miteinander verglichen werden.

Tabelle 3: Übersicht über das Auftreten der kritischen Punkte *R, S* und *T* des Längenwachstums im Schulalter bis zum 14./15. Lebensjahr.

	Mädchen		Knaben	
	absolut	%	absolut	%
Gesamtzahl der Kinder	993		1053	
1) Das Abknicken *R* nach unten zur präpuberalen Längenhemmung ist deutlich sichtbar	229	23,1	538	51,2
2) Es ist kein Knick *R*, sondern nur der Knick *S* nach oben zum puberalen Längenschub deutlich zu sehen	416	41,9	296	28,0
3) Es ist weder *R* noch *S*, sondern nur das Abfallen *T* zum Wachstumsauslauf zu sehen	177	17,8	3	0,3
4) Die Längenkurve verläuft bis zum 14./15. Lebensjahr praktisch geradlinig	145	14,6	144	13,6
5) Übergreifendes Intermediärwachstum aus der Kleinkinderzeit	10	1,0	48	4,5
6) Andere Verlaufsformen	16	1,6	24	2,3

Insgesamt werden 993 Indikatordiagramme der Mädchen und 1053 der Knaben ausgewertet; dies sind alle Indikatordiagramme des Beobachtungsgutes Deutsche Nachkriegskinder, die ich überhaupt benutze.

Zunächst interessiert, wie oft das physiologisch wesentliche Abknicken *R* des Längenwachstums nach unten zur präpuberalen Längenhemmung bei Knaben und Mädchen bis zum 14./15. Lebensjahr festzustellen ist. Bei den Mädchen beträgt die Häufigkeit 23,1% und bei den Knaben 51,2%. Damit ist das erste wichtige Ergebnis erhalten, daß eine präpuberale Längenhemmung nur bei rund einem Viertel aller Mädchen und bei rund der Hälfte aller Knaben auftritt. Die Beschränkung der Untersuchungszeit vom 6./7. bis zum 14./15. Lebensjahr spielt praktisch keine Rolle, weil noch früher und noch später einsetzende Längenhemmungen Ausnahmefälle sind. Außerdem wird in den folgenden Tabellen 4. u. 5 noch die genauere Auszählung des Eintrittstermins gebracht.

Damit ist gezeigt, daß die Knaben eine offenbar geschlechtsbedingte stärkere Disposition für das Auftreten einer präpuberalen Längenhemmung besitzen. Dies muß ein entsprechend umgekehrtes Zahlenverhältnis bezüglich der übrigen noch möglichen Verlaufsformen nach sich ziehen.

Die nächste Verlaufsform ist die, daß von einem Wachstumsknick *R* zur präpuberalen Längenhemmung nichts zu sehen ist, so daß der erste im Schulalter sichtbare wesentliche Wachstumsknick nach oben erfolgt und den Beginn *S* des puberalen Längenschubes bedeutet. Bei den Mädchen ist diese Verlaufsform ohne sichtbare Längenhemmung, aber mit Längenschub mit 41,9% nicht ganz doppelt so häufig wie bei den Knaben mit 28,0%.

Da auf eine präpuberale Längenhemmung praktisch stets ein erneuter Anstieg der Längenrate folgt (Ausnahmen können meiner Schätzung nach kaum häufiger als 0,5% sein), so kommt ein Ausbleiben des puberalen Längenschubes praktisch nur in Verbindung mit dem Ausbleiben der präpuberalen Längenhemmung vor. Dies ergibt die Wachstumsverläufe, die bis zum Wachstumsauslauf *T* (der meist kurz nach der Geschlechtsreife einsetzt) praktisch geradlinig verlaufen. Unter den Mädchen findet sich zu 17,8% der sichere Befund eines Ausbleibens von Längenhemmung und Längenschub, indem vor dem 14./15. Lebensjahr noch die Menarche mit dem folgenden Wachstumsauslauf *T* in Erscheinung tritt. Bei den Knaben ist der analoge Befund nur mit 0,3% Häufigkeit sichtbar.

Es ist nur noch möglich, daß dies Zahlenverhältnis zwischen Knaben und Mädchen durch die nächste 4. Gruppe von Kindern, die bis zum 14./15. Lebensjahr praktisch geradlinige Wachstumskurven haben, ohne daß bis dahin die Knicke *R*, *S* oder *T* sichtbar werden, eine wesentliche Änderung erfährt. Nach den Wachstumsverläufen des Untersuchungsgutes Deutsche Nachkriegskinder und denen des Berliner Untersuchungsgutes, die bis zum 17./18. Lebensjahr reichen, haben jedoch die bis zum 14./15. Lebensjahr glatt verlaufenden Wachstumskurven folgenden geschlechtsbedingt verschiedenen Ausgang. Da die Mädchen im Mittel rund 2 J. früher als die Knaben puberieren, kann sich bei ihnen nach dem 14. Lebensjahr nicht mehr allzuviel ereignen. Bei mindestens der Hälfte dieser Mädchengruppe ist bei der letzten Untersuchung im 14. oder 15. Lebensjahr bereits die Menarche vermerkt oder unmittelbar bevorstehend. Da danach im allgemeinen der Wachstumsauslauf *T* unmittelbar folgt, so geben von den 14,6% Mädchen der Tab. 3 wenigstens noch rund die Hälfte weitere Beispiele für einen Längenverlauf ohne Hemmung und Schub. Zusammen mit den 17,8% Mädchen der 3. Gruppe der Tab. 3 ist daher bei rund 25% aller Mädchen überhaupt ein Längenverlauf ohne präpuberale Längenhemmung und ohne puberalen Längenschub zu finden. Ob der genaue Wert bei 20 oder 30% liegt, ist im Augenblick unwichtig, da es auf die Feststellung ankommt, daß entgegen der landläufigen Ansicht über das Pubertätsgeschehen bei den Mädchen eine so große Zahl von Längenverläufen ohne Hemmung und Schub auftritt.

Die übrigen Mädchen der 4. Gruppe haben nach dem 14. Lebensjahr noch einen Längenschub von 1—2 J. Dauer, bis bei ihnen als relativ spätpuberierenden die Menses beginnen.

Bei fast allen bis zum 14. Lebensjahr glatt und geradlinig wachsenden Knaben tritt noch ein 1—3 J. währender Längenschub mit manchmal extrem großer Längenrate ein, dem gelegentlich noch eine kurze rudimentäre Längenhemmung von rund 1 J. Dauer vorausgeht. Somit können die 144 Knaben der 4. Zeile der Tab. 3 nicht mehr soviel Längenverläufe ohne Schub und Hemmung liefern, daß dadurch die diesbezügliche eindeutige Sonderstellung des weiblichen Geschlechts erschüttert wird. Daher ist ohne Risiko als sicher zu behaupten, daß das weibliche Geschlecht durch das relativ häufige Auftreten eines Längenwachstums ohne Hemmung und ohne Schub vor dem männlichen ausgezeichnet ist.

Ich halte es für zweckmäßig, die von mir als „übergreifendes Intermediärwachstum" bezeichnete Verlaufsform, bei der das Schulkindwachstum mit einer relativ hohen Längenrate beginnt, die sich erst später zum Normalbereich herabsenkt, als eine besondere Gruppe herauszustellen; denn nach der gefundenen Verhältniszahl von 45 Knaben auf 10 Mädchen scheint hier wieder eine geschlechtsbedingte Abhängigkeit vorzuliegen.

Die letzte Gruppe „Andere Verlaufsformen" enthält Kinder, deren Wachstumsverlauf nicht mehr unbestreitbar in eine der vorangehenden 5 Gruppen einzuordnen ist. Die Besprechung dieser Fälle ist erst angehbar, nachdem die am häufigsten auftretenden Verlaufsformen des Wachstums genügend genau studiert sind.

Insgesamt ist aus der Tab. 3 zu ersehen, daß die Auszählung der präpuberalen Längenhemmungen und der puberalen Längenschübe erhebliche wachstumsdynamische Unterschiede zwischen dem weiblichen und männlichen Geschlecht zutage bringt, wie sie nach dem einfachen Vergleich der Mittelwertverläufe der Körperlänge aus der Durchschnittsbevölkerung nicht zu vermuten sind.

22. Eintrittsalter und Dauer der präpuberalen Längenhemmung bei Knaben und Mädchen. Die präpuberale Längenhemmung als Besonderheit des männlichen Geschlechts.

Die nächste wichtige Frage ist, in welchem Alter bei Knaben und bei Mädchen am häufigsten die präpuberale Längenhemmung einsetzt und ob eine Abhängigkeit zwischen Eintrittstermin und Dauer der Längenhemmung besteht. Die Antwort geben die Tab. 4 u. 5. Die in den Tabellenfeldern stehenden nicht eingeklammerten Zahlen bedeuten die jeweilige Anzahl der Kinder, bei denen die präpuberale Längenhemmung noch vor dem 14./15. Lebensjahr durch das Abknicken *S* nach oben zum puberalen Längenschub beendet wurde. Die eingeklammerten Zahlen beziehen sich auf diejenigen Kinder, bei denen die Längenhemmung bis zum 14./15. Lebensjahr durchläuft, indem der Umschwung *S* zum Längenschub erst später auftritt. Daher ist z. B. das letzte Feld in der 1. Zeile der Tab. 4 wie folgt zu lesen: Von den präpuberalen Längenhemmungen der Mädchen, die im 8.–9. Lebensjahr beginnen, haben 5 Fälle sicher eine Dauer von 5–6 Jahren (weil die Beendigung durch den Längenschub im Indikatordiagramm zu sehen ist) und 9 Fälle eine Dauer von mindestens 5–6 Jahren (weil die Beendigung durch den Längenschub erst nach dem 14.–15. Jahre erfolgt und das Wachstum nicht soweit verfolgt wurde).

Tabelle 4: Beginn *(R)* und Dauer der präpuberalen Längenhemmung bei Mädchen

Beginn *(R)* Lebensjahr	Dauer in J. 1–2	3–4	5–6	Summe von *R*	%
8–9	39	63	5 (9)	116	11,7
10–11	65	27 (14)		106	10,7
12–13	2 (5)			7	0,9

Bezugsziffer 993

Tabelle 5: Beginn *(R)* und Dauer der präpuberalen Längenhemmung bei Knaben

Beginn *(R)* Lebensjahr	Dauer in J. 1–2	3–4	5–6	Summe von *R*	%
8–9	18	63 (2)	21 (24)	128	12,2
10–11	102 (4)	109 (105)	2 (8)	330	31,4
12–13	36 (30)	4 (10)		80	7,6

Bezugsziffer: 1053

Nach diesen beiden Tabellen verkürzt sich bei Knaben und Mädchen die Dauer der präpuberalen Längenhemmung mit ihrem späteren Eintritt. Dies könnte eine Täuschung sein, weil die Kurven im 14./15. Lebensjahr abbrechen, so daß nicht bekannt ist, wie lange die Längenhemmungen dauern, die kurz vorher beginnen. Es ist jedoch zu bedenken, daß z. B. eine erst im 14. Lebensjahr einsetzende, 4—5 J. lang dauernde Längenhemmung mit darauffolgendem Längenschub die Folge nach sich ziehen würde, daß der Wachstumsauslauf bzw. die Reife entsprechend spät, erst gegen das 20. Lebensjahr eintritt. Da dies insbesondere bei den Mädchen als unwahrscheinlich erscheint, so wäre zu sagen: In dem Maße, wie eine so späte Reife als unwahrscheinlich bzw. unmöglich erscheint, ist es auch unwahrscheinlich bzw. unmöglich, daß im 14./15. Lebensjahr noch eine präpuberale Längenhemmung von z. B. 4—5jähriger Dauer entstehen kann.

Die vorletzte Spalte „Summe von *R*" enthält die Zeilensummen, wobei die eingeklammerten Zahlen mitgenommen sind, weil die Häufigkeit des Wachstumsknickes *R* in Abhängigkeit vom Alter untersucht werden soll. Die in der letzten Spalte stehenden Prozentzahlen beziehen sich auf die Gesamtzahl aller Mädchen (993) und aller Knaben (1053). Somit ist z. B. der letzten Spalte abzulesen, daß bei 11,7% aller Mädchen und bei 12,2% aller Knaben bereits im 8.–9. Lebensjahr die präpuberale Längenhemmung eintritt. Erst im 10.–11. Lebensjahr macht sich ein erheblicher geschlechtsbedingter Unterschied bemerkbar, indem nur bei 10,7% aller Mädchen die Längenhemmung in diesem Alter einsetzt, während dann erst bei den Knaben der Hauptschwung mit 31,4% kommt. Im 12.–13. Lebensjahr ist bei den Mädchen die Disposition zum Eintreten der präpuberalen Längenhemmung fast ganz verschwunden, während die Knaben noch 7,6% Fälle liefern.

Aus diesen Zahlen geht hervor, daß das Überwiegen der präpuberalen Längenhemmung bei den Knaben darauf zurückgeht, daß diese bei den Knaben erst im 10.—11. Lebensjahr am häufigsten auftreten, während bei den Mädchen um diese Zeit die puberalen Längenschübe am häufigsten beginnen, und bei den Knaben der Hauptschwung der Längenschübe erst 1—2 J. später einsetzt (Tab. 6). Diese Befunde besagen zusammenfassend: Das Wachstum hat bei den Knaben die Tendenz, vom 10.—13. Lebensjahr eine Wachstumsverlangsamung einzuschieben, die bei den Mädchen weitgehend durch das frühere Einsetzen der eigentlichen Pubertätsphase mit dem damit korrelativ verbundenen Längenschub unterdrückt bzw. dezimiert wird.

Aus den Häufigkeitszahlen folgt weiter, daß aus „Stetigkeitsgründen" (wie sich ein Mathematiker ausdrücken würde) auch vor dem 8. Lebensjahr noch bei einigen Kindern, insbesondere bei den Mädchen, die präpuberale Längenhemmung einsetzen muß.

Die Tabellen 4 u. 5 lassen auch unmittelbar erkennen, daß die präpuberale Längenhemmung bei den Knaben im Mittel länger als bei den Mädchen dauert. Von den im 8.—9. Lebensjahr beginnenden finden sich bei den Mädchen 39 Fälle von 1—2 J. und 14 Fälle von wenigstens 5—6 J. langer Dauer. Bei den Knaben hingegen ist das analoge Verhältnis: 18 Fälle geringer Dauer auf (21 + 24 =) 45 Fälle langer Dauer. Bei den im 10.—11. Lebensjahr beginnenden Längenhemmungen kommen bei den Mädchen 65 Kinder mit 1—2 J. langer Dauer auf 41 Kinder mit wenigstens 3—4 J. langer Dauer, und bei den Knaben ist das analoge Zahlenverhältnis 106 auf 224 Fälle.

Zusammenfassend ist damit numerisch statistisch gezeigt, daß im Vergleich zum weiblichen Geschlecht beim männlichen

1.) die präpuberalen Längenhemmungen bedeutend häufiger auftreten,
2.) daß sie im Mittel von längerer Dauer sind und
3.) daß sie am häufigsten in einem Alter auftreten, in dem bei den Mädchen im Mittel bereits die eigentliche Pubertätsphase beginnt.

23. Die Verzögerung der Reife durch die präpuberale Längenhemmung und ihre Beschleunigung durch den puberalen Längenschub.

Betreffs des puberalen Längenschubes ist das eine wichtige Hauptergebnis, daß er bei rund 25% aller Mädchen nicht in Erscheinung tritt, bereits abgehandelt worden. Der zweite Hauptbefund bezieht sich auf das zeitliche Eintreten des Längenschubes bei Kindern, die vorher eine Längenhemmung haben und bei denen sie ausbleibt. In Tab. 6 beziehen sich die Zeilen auf das Lebensjahr, auf das nach dem ganzen Kurvenbild der Beginn *S* des Längenschubes anzusetzen

Tabelle 6: Beginn *(S)* des puberalen Längenschubes bei Kindern mit und ohne präpuberale Längenhemmung *(R)*.

Beginn *(S)* Lebensjahr	Mädchen mit *R*	Mädchen ohne *R*	Knaben mit *R*	Knaben ohne *R*
9.	0	25	0	10
10.	18	121	5	36
11.	47	140	22	70
12.	81	89	67	132
13.	42	41	186	42
14.	13	0	73	6
späterer Beginn	28	weniger als 145	185	weniger als 144

ist. Die Mädchen und Knaben werden ohne weitere Differenzierung in 2 Gruppen geteilt, je nach dem, ob der Wachstumsknick *R* zur beginnenden präpuberalen Längenhemmung vor dem Beginn *S* des Längenschubes im Indikatordiagramm sichtbar ist oder nicht. Die Grundzahlen (Bezugsziffern) sind durch die Tab. 3–5 gegeben.

Zunächst fällt die sehr große Variationsbreite des Beginns *S* des Längenschubes auf, indem sie bei Knaben wie bei Mädchen wenigstens vom 9. Lebensjahr bis wenigstens zum 14. Lebensjahr reicht. Als der „mittlere (physiologisch normale?) Beginn des puberalen Längenschubes" (oder wie man sich sonst ausdrücken mag) ist offenbar dasjenige Lebensjahr anzusehen, in dem die Knickpunkte *S* am häufigsten auftreten. Hierbei macht sich sofort ein Unterschied zwischen den beiden Fällen bemerkbar, ob vorher eine präpuberale Längenhemmung eintritt oder ausbleibt. Bei den Kindern mit Längenhemmung fällt der häufigste Beginn des Längenschubes bei den Mädchen in das 12. und bei den Knaben in das 13. Lebensjahr. Bei den Kindern ohne Längenhemmung liegt er etwas mehr als ein Jahr, ungefähr 1 1/4 Jahre früher.

Die letzte Zeile „späterer Beginn" des Längenschubes mußte der Vollständigkeit halber hinzugefügt werden, weil bei dem größten Teil der Kinder die Beobachtung vor dem 15. Lebensjahr abbricht. Da aber die Maxima für das Eintreten *S* des Längenschubes einwandfrei vor dem 14. Lebensjahr liegen, braucht auf die dadurch bedingte geringe Korrektur des Ergebnisses nicht näher eingegangen werden. Das Hauptergebnis, daß eine vorher eintretende Längenhemmung den Beginn des Längenschubes im Mittel um rund 1 1/4 J. hinauszögert, wird dadurch nicht mehr beeinflußt.

Nach diesem Ergebnis ist bereits als sehr wahrscheinlich zu vermuten, daß eine präpuberale Längenhemmung auch weitergehend den Termin der eigentlichen biologischen Reife hinausschiebt. Diese Frage ist genauer beantwortbar durch die Untersuchung, wie der Wachstumsauslauf *T* durch eine vorher im Wachstumsablauf eingetretene präpuberale Längenhemmung und durch einen puberalen Längenschub im Mittel beeinflußt wird.

Aus der Tab. 7 ist zu ersehen, daß von allen 993 Mädchen des Beobachtungsgutes bei 59,7% der Abfall *T* zum Wachstumsauslauf vor dem 14./15. Lebensjahr sichtbar wird. Bei den Knaben beträgt die Häufigkeit nur 5,8%. Somit befindet sich im 14./15. Lebensjahr bereits rund die Hälfte aller Mädchen im Wachstumsauslauf (und ein Teil davon bereits im Wachstumsstillstand), während bei den Knaben in diesem Alter erst die extrem frühreifen mit dem Wachstumsauslauf *T* auftauchen.

Tabelle 7: Nach dem Auftreten von *R* und *S* differenzierte Übersicht über die Häufigkeit der Kinder, bei denen der Wachstumsauslauf *T* bis zum 14./15. Lebensjahr beginnt.

	Mädchen			Knaben		
	Gesamtzahl	davon mit *T*	%	Gesamtzahl	davon mit *T*	%
undifferenziert	993	594	59,7	1053	61	5,8
mit *R*	229	74	32,3	538	10	1,9
ohne *R*, mit *S*	416	333	80,3	296	40	13,5
ohne *R*, ohne *S*	322	177	55,1	147	3	2,0
übergreifendes Intermediärwachstum	10	5	50,0	48	8	16,6
andere Verlaufsformen	16	5	31,0	24	0	0,0

Von den 229 Mädchen mit sichtbarer präpuberaler Längenhemmung zeigen 74 = 32,3% (von 229) einen vor dem 14./15. Lebensjahr liegenden Wachstumsauslauf. Von den 322 Mädchen ohne Längenhemmung und ohne Längenschub haben 55,1% einen analog frühen Wachstumsauslauf. Hieraus folgt, daß die präpuberale Längenhemmung den Wachstumsauslauf hinauszögert, denn die Vergleichgruppe ist der ungünstigste Vergleichsfall, weil hier die eventuelle Vorverlegung des Wachstumsauslaufs durch den Längenschub weitgehend fortfällt. Bei den 416 Mädchen ohne Längenhemmung, aber mit Längenschub haben sogar 80,3% einen vor dem 14./15. Lebensjahr liegenden Wachstumsauslauf. Dies zeigt, daß der Fall eines Ausbleibens der Längenhemmung und eines Einsetzens des Längenschubes am meisten zu einem frühen Wachstumsauslauf disponiert.

Bei den Knaben stehen die Zahlen qualitativ nicht in Widerspruch zu dem bei den Mädchen erhobenen Befund. Wegen der geringen Anzahl von 61 sichtbaren Wachstumsausläufen können sie jedoch fehlerkritisch nicht mit gleicher Sicherheit zur Fundierung des Ergebnisses dienen.

Diese Zahlen zeigen, daß die präpuberale Längenhemmung und der puberale Längenschub ihre Bezeichnung auch biologisch weitreichender tragen, indem das erstgenannte Wachstumsereignis in der Tat den Wachstumsauslauf und die damit korrelativ verbundene Geschlechtsreife im Mittel hinauszögert und das zweitgenannte im Mittel vorverlegt. Dies kann nur bedeuten, daß die präpuberale Längenhemmung und der puberale Längenschub als symptomatische Äußerungen einer entsprechenden entwicklungsverzögernden oder -beschleunigenden Konstellation in der Wachstumssteuerung aufgefaßt werden müssen.

Man darf jedoch nicht außer Acht lassen, daß alle aufgeführten Zahlenbefunde in Wirklichkeit nur eine im Mittel geltende empirisch statistische Wachstumsgesetzlichkeit wiedergeben. Man darf nur von „positiver Korrelation" sprechen und dieser Begriff läßt zu, daß auch Individualverläufe gefunden werden können, die anscheinend „Gegenbeispiele" sind. Die erkenntnistheoretische Situation ist die, daß die am häufigsten zu beobachtenden Fälle (Verlaufsformen) nur die Richtlinien dafür abgeben, was als „nicht außergewöhnlich" gelten kann. Die außergewöhnlichen Fälle liefern jedoch grade die für den Pädiater klinisch eigentlich wichtigen Einsichten in das komplexe Geschehen der Wachstumsdynamik. Erst wenn durch Disfunktion einzelne Komponenten der Wachstumssteuerung vollkommen aus dem Rahmen fallen und außergewöhnliche Wachstumsverläufe erzeugen, erkennt man die Zusammensetzung im Zusammenspiel der vielen Komponenten der Wachstumsdynamik.

Die beiden letzten Zeilen der Tab. 7 habe ich aus Vollständigkeitsgründen und für fehlerkritische Kontrollzwecke hinzugefügt, ohne daß ich im Augenblick, weil es sich um Ausnahmefälle handelt, genauer Begründetes dazu sagen kann.

24. Nichtbestätigung der für die sogenannte „querschnittsstatistische Normwertung" notwendigen Voraussetzung einer gleich häufigen Wachstumsänderung nach oben und unten.

Mit diesen Ergebnissen ist der Inhalt der Tab. 4—7 noch nicht ausgeschöpft. Sie liefern außerdem noch einen entscheidenden Beitrag zur Frage, ob es richtig ist, daß die Mittelwerte aus der Durchschnittsbevölkerung als das mittlere „normale“ Wachstum gelten dürfen. Dieser Verwendung der Mittelwerte liegt nämlich die Hypothese zugrunde, daß das Wachstum in unregelmäßiger und zufälliger Weise bald nach oben und bald nach unten ausschlägt. Da nun die Mittelwerte als mathematische Gebilde die Eigenschaft haben, daß sie solche rein zufälligen Wachstumsschwankungen im Mittel ausgleichen, so müßten sie bei Gültigkeit der Hypothese einen von diesen unregelmäßigen Wachstumsschwankungen „praktisch“ befreiten mittleren Wachstumsverlauf liefern. Diese Folgerung stimmt bereits dann nicht mehr, wenn die Hypothese nicht zutrifft, daß die Wachstumsausschläge unregelmäßig und zufällig nach oben und unten erfolgen.

Die Tab. 4—7 gestatten nun die unmittelbare empirische Nachprüfung des Zutreffens der Hypothese. Wenn Wachstumsausschläge vollkommen unregelmäßig und zufällig nach oben und unten erfolgen, dann müssen die Häufigkeiten eines Abknickens nach oben und eines solchen nach unten praktisch gleich groß sein. Dies ist eine exakte mathematische Folgerung aus dem Begriff eines „unregelmäßigen und zufälligen“ Schwankens des Wachstumsverlaufs. Nach Tab. 4 beginnt nun bei 106 Mädchen im 10.—11. Lebensjahr eine präpuberale Längenhemmung, die ein Abknicken nach unten bedeutet. Nach Tab. 6 tritt im 10.-11. Lebensjahr bei 326 Mädchen der puberale Längenschub ein, der ein Abknicken nach oben darstellt. Somit kommen im 10.—11. Lebensjahr bei den Mädchen 326 Abknickungen nach oben auf 106 nach unten. Bei den Knaben kommen für denselben Zeitraum 330 Abknickungen nach unten auf 133 Abknickungen nach oben, so daß bei ihnen fast das umgekehrte Verhältnis wie bei den Mädchen besteht. Diese Zahlen zeigen, daß die Hypothese nicht zutrifft, daß die Wachstumsausschläge nach oben und unten vollkommen unregelmäßig und rein zufällig erfolgen, weil sie nicht mit der notwendig daraus folgenden gleichen Häufigkeit auftreten. Damit ist der Verwendung von Mittelwerten aus der Durchschnittsbevölkerung die empirische Basis, auf der sie theoretisch notwendig beruhen muß, entzogen.

Die bisherige Situation der statistischen Wachstumsforschung ist von höherer Sicht aus wie folgt, zu beurteilen: Solange von einem der Variabilität fähigen Naturvorgang absolut nichts bekannt ist, wird das sogenannte „BAYES'sche Prinzip“ in Anwendung gebracht. Dies lautet, daß im Falle eines absoluten Nichtwissens über den zu untersuchenden Vorgang, zunächst die Annahme zu machen ist, daß die verschiedenen Möglichkeiten (der Variabilität) „gleich wahrscheinlich“ sind. Dies trifft in Wirklichkeit in den seltensten Fällen zu. Solange wir aber überhaupt noch nichts über die (empirisch statistische) Gesetzlichkeit der Variabilität des Vorganges wissen, müssen wir wegen unserer absoluten subjektiven Unwissenheit damit operieren, daß alle verschiedenen Möglichkeiten gleich wahrscheinlich sind. Dies ist ein heuristisches Prinzip, das für den ersten Beginn der Erforschung eines Naturvorganges in Anwendung gebracht wird, und im Grunde genommen in wahrscheinlichkeitstheoretischer Formulierung nicht mehr besagt, als daß man auf jedes mögliche Ergebnis mit gleicher subjektiver Wahrscheinlichkeit gefaßt sein muß. Nachdem unter Anwendung des BAYES'schen Prinzips die ersten Befunde, die natürlich meist nur einen grob orientierenden Charakter haben, gemacht worden sind, kommt der zweite Schritt in der Erforschung des Naturvorganges, der darin besteht, das BAYES'sche Prinzip durch die genaueren Häufigkeiten, mit der die einzelnen Möglichkeiten auftreten, zu ersetzen.

In der Wachstumsforschung liegt die Verwendung von Mittelwerten der Körpermaße aus der Durchschnittsbevölkerung offenbar noch auf der ersten Stufe der Anwendung des BAYES'schen Prinzips. Dies zeigt die Anwendung der Hypothese, daß Wachstumsausschläge nach oben und unten unregelmäßig und zufällig erfolgen. Mit den Tab. 3—7, und überhaupt mit dem vergleichenden Studium von individuellen Wachstumsverläufen wird der zweite Schritt getan, die Häufigkeiten für das Auftreten der einzelnen Möglichkeiten genauer zu eruieren.

V. Abschnitt: Die Variabilität der Körperfülleverläufe im Schulkindalter

25. Die mathematisch methodische Trennung der „generellen individuellen Wachstumsintensität" von der „individuellen reinen Formwandlung". Definitionen von „Gradient" und „Körperfülleverlauf" im Bereich der reinen Formwandlung. Angaben zur Deutung der Indikatorkurve für den Körperfülleverlauf.

Die Beobachtung individueller Wachstumsverläufe zeigt, daß die Kinder „im ganzen" bald schneller und bald langsamer wachsen können. Auf Grund dieser Beobachtung kommt man dazu, den Begriff einer „generellen Wachstumsintensität" in zunächst etwas verschwommen intuitiver Weise zu konzipieren. Z. B. haben im Säuglingsalter und in der ersten Hälfte des Kleinkindalters alle Hauptkörpermaße eine größere Jahresrate als in den ersten 3—4 Jahren des Schulkindalters, wozu man sagen kann, daß die „generelle Wachstumsintensität" in den ersten 3 Lebensjahren bei allen Kindern eine größere als im Schulkindalter vor Pubertätsbeginn ist. Mit dem Wachstumsprozeß ist aber auch eine „kontinuierliche Formwandlung" des Kindes verknüpft, die darin ihre Ursache hat, daß die Jahresraten der Körpermaße nicht den absoluten Werten der Körpermaße proportional sind. Z. B. ist bis zum Pubertätsbeginn die Beinlänge absolut kleiner als die Stammlänge (gleichgültig, wie man diese Größen im einzelnen mißt). Hingegen ist während dieser ganzen Zeit umgekehrt die Beinlängenrate fast doppelt so groß wie die Stammlängenrate. Hieraus folgt mathematisch notwendig, daß das Verhältnis *Beinlänge: Stammlänge* im Wachstumsalter bis zum Pubertätsbeginn laufend zunimmt, wodurch ein „kontinuierlicher" Gestaltwandel entsteht. Analoge Betrachtungen können mit demselben Ergebnis für irgend 2 Hauptkörpermaße durchgeführt werden.

Mathematisch dynamisch ist also der reale Wachstumsablauf zusammengesetzt zu denken, erstens aus einem Formwandelablauf und zweitens aus einem Ablauf der „generellen Wachstumsintensität". Hieraus ergibt sich die Aufgabe, diese beiden Komponenten zu isolieren, d. h. die Analyse der somatometrischen Wachstumserhebungen mathematisch so zu arrangieren, daß man einen Einblick in die Art der Formwandlung erhält, wie sie an sich, d. h. unabhängig von einem denkbaren individuell schnelleren oder langsameren Verlauf des Gesamtwachstums erfolgt.

Die Lösung der Aufgabe ist leicht zu finden, wenn sie wie folgt formuliert wird: Man denke sich 2 Kinder, die sich lediglich dadurch unterscheiden, daß sie einen verschiedenen Verlauf der generellen Wachstumsintensität haben. Beide Kinder durchlaufen dann dieselben Wertepaare von Körperlänge und Körpergewicht oder von Bein- und Stammlänge usw. Wegen der zwischen beiden Kindern verschiedenen generellen Wachstumsintensität wird jedoch jedes Wertepaar bei dem einen Kind in einem anderen Alter als bei dem zweiten Kind durchlaufen. Die Frage ist dann, nach welchem mathematisch graphischen Verfahren das Bestehen eines solchen Sachverhaltes eindeutig feststellbar ist.

Die Lösung dieser Aufgabe ist einfach. Um z. B. zu erkennen, ob zwei Kinder unabhängig vom Verlauf der generellen Wachstumsintensität denselben Körperfülleverlauf haben, braucht man nur in der üblichen absoluten Darstellung das Lineargewicht in Abhängigkeit von der Körperlänge als Kurve zu zeichnen. Wenn dies für die beiden Kinder zwei sich praktisch deckenden Kurven ergibt, dann haben die beiden Kinder trotz verschieden schnellen Wachstums die gleiche Art der Körperfülleentwicklung. Analog kann z. B. der Beinlängenverlauf in Abhängigkeit vom Stammlängenverlauf graphisch dargestellt werden und zwei sich deckende Kurven bedeuten, daß bei beiden Kindern dieselbe Art der Wachstumsbeziehung zwischen Bein- und Stammlänge besteht, auch wenn das Wachstum des einen Kindes im ganzen 13 Jahre und des anderen 16 Jahre dauert, oder das eine Kind zwischendurch eine starke Verminderung des Gesamtwachstums erfährt, die später durch einen Schub wieder aufgeholt wird, und beim anderen Kind die allgemeine Wachstumsgeschwindigkeit konstant bleibt.

Es ist jetzt unmittelbar einzusehen: Wenn in einem rechtwinkligen Achsenkreuz in üblicher absoluter Darstellung die Wachstumsverläufe der Körpermaße in Abhängigkeit von der Körperlänge als Abszissenwert eingetragen werden, dann ergeben alle auffälligen Verlaufseigentümlichkeiten der Kurven Aussagen, die sich nur auf die reine Formwandlung des Kindes an sich beziehen und bei denen die Art des individuellen Ablaufs der generellen Wachstumsintensität eliminiert ist. Da bei einer solchen Darstellung nicht das Alter des Kindes in irgend einer Weise verwendet wird, können die Verlaufseigentümlichkeiten der Kurven nur Sachverhalte ausdrücken, die von der Größe der absoluten individuellen Wachstumsgeschwindigkeit des Gesamtwachstums nicht abhängen. Sie können sich daher eo ipso nur auf den reinen Formwandlungsprozeß an sich beziehen.

Die meisten in der Literatur befindlichen Untersuchungen über die Formwandlung des Kindes sind mathematisch fehlerhaft, indem bei dem üblichen Vorgehen der Autoren noch nicht der täuschende Einfluß der Variabilität der generellen Wachstumsintensität ausgeschaltet ist. Dem Pädiater unterläuft hierbei ein (naheliegender) Fehlschluß als Folge einer unklaren intuitiven Konzeption, der jetzt genauer expliziert sei.

Um die Körperform numerisch festzulegen, verwendet man bekanntlich sogenannte Proportionalindizes. Dies sind aus den Körpermaßen gebildete algebraische Ausdrücke, die ihren Wert nicht ändern, wenn alle Körpermaße mit derselben Zahl (die beliebig sein kann) zugleich multipliziert werden. Die Proportionalindizes sind somit, mathematisch ausgedrückt, invariant gegenüber einer proportionellen Vergrößerung oder Verkleinerung der Körperform, und in diesem Sinne unabhängig von der absoluten Größe des Körpers. Der weitverbreitete Irrtum, den es zu berichtigen gilt, liegt nun in der Meinung, daß deshalb die Verwendung von Proportionalindizes für sich allein bereits vollkommen ausreicht, um die reine Formwandlung des Kindes an sich zu studieren, und daß es nichts ausmacht, ob der Verlauf eines Proportionalindex in Abhängigkeit vom Alter oder z. B. von der Körperlänge diskutiert wird.

Vorhin wurde jedoch festgestellt, daß nur dann eine Aussage über den reinen Formwandel an sich erhalten wird, wenn in der Darstellung das Alter nirgends in Erscheinung tritt. Hieraus folgt aber mathematisch logisch, daß dann die Verläufe von Proportionalindizes ebenfalls nur in Abhängigkeit von der Größe der Körperlänge diskutiert werden müssen, um Fehlinterpretationen durch eine Schwankung der generellen Wachstumsintensität auszuschalten. An sich könnte auch jedes andere Körpermaß gewählt werden, doch ist die Körperlänge praktisch am besten geeignet.

Zur Verifikation dieser Behauptung braucht nur gezeigt zu werden, daß die graphische Darstellung eines Proportionalindex in Abhängigkeit vom Alter (als Abszisse) z. B. noch von „Schüben" und „Hemmungen" der generellen Wachstumsintensität abhängt. Der für den mathematisch Ungeübten unmittelbar zugängliche Weg besteht in einer direkten numerischen Nachprüfung, wofür ich nur den Weg andeuten möchte, da das eigene Durchrechnen einer Reihe von Tabellenbeispielen den Skeptiker am besten überzeugt.

Zu diesem Zweck nehme man den Wachstumsverlauf von irgend zwei Körpermaßen, deren Proportionalindex sich im Wachstumsalter ändert (z. B. das Verhältnis *Beinlänge: Stammlänge*), indem man konkret für jedes volle Alter die numerischen Werte von Bein- und Stammlänge hinschreibt, wie sie im Individualfall möglich sein können. Zweckmäßig sind relativ glatte Zahlenverläufe (ohne zufällige starke Zacken) zu wählen, damit das Ergebnis deutlicher im graphischen Bild herauskommt. Jedem Alterswert entspricht somit ein bestimmtes Wertepaar von Bein- und Stammlänge. Sodann ändere man den Altersverlauf ab, indem man z. B. einen Schub des Gesamtwachstums einschaltet, der z. B. den Wachstumsverlauf von 8—12 J. auf den Zeitraum von 8—10 J. zusammenzieht. Dies führe man so durch, daß die Wertepaare von Bein- und Stammlänge, die vordem für 8, 9, 10, 11 und 12 J. galten, auf die Alterspunkte 8, 8 1/2, 9,

9 1/2 und 10 J. gelegt werden. Dann soll der Schub des Gesamtwachstums aufhören, so daß das vordem für 13 J. geltende Wertepaar vom Alter 10 J. ab wieder im Abstand von 1. J. auf das Alter 11 J. gelegt wird usw. Werden nun für den Ausgangsfall und den abgeänderten je die Verläufe des Proportionalindex *Beinlänge: Stammlänge* in Abhängigkeit vom Alter (als Abszisse) als Kurven gezeichnet, so kann man sich sofort anschaulich davon überzeugen, wie der eingeschaltete Schub des Gesamtwachstums den Kurvenverlauf knickförmig abändert. Wählt man als Gegenkontrolle die Körperlänge als Abszissenwert, so ergibt sich in beiden Fällen dieselbe Kurve. Es ist sehr instruktiv, in dieser Weise an den verschiedenen Stellen eines real möglichen Wachstumsablaufs Schübe und Hemmungen des Gesamtwachstums durch vorübergehende Beschleunigungen und Verzögerungen des Altersablaufs einzuführen, um die Größe ihres Effektes bei den Verläufen der verschiedenen Proportionalindizes zu sehen.

Für den mathematisch Geübten ist die Richtigkeit der Behauptung unmittelbar aus der Formel *(2)* für die relative Proportionsverschiebung $\frac{dV}{V}$ ersichtlich. In exakter Weise wird für das Alter t ein anderes Alter T vermittels einer beliebigen Funktion $t = f(T)$ eingeführt. Nur solche graphischen Wachstumsdarstellungen und aus den Körpermaßen und ihren Wachstumsgeschwindigkeiten gebildeten Indexzahlen sind für die „reine Formwandlung" charakteristisch, die bei dieser Transformation von t unverändert bleiben, d.h. dieser Transformation gegenüber „invariant" sind.

Aus den vorstehenden Ausführungen folgt, daß in den Abb. 16—19 der Einfluß von plötzlichen Änderungen der generellen Wachstumsintensität eliminiert ist, denn der Verlauf des Indikators *I*, der nur vom Lineargewicht und der Körperlänge abhängt, wird als Funktion der Körperlänge (Abszisse) dargestellt. Demgegenüber hängen die Kurven der Abb. 1—15 zum Körperlängenverlauf noch von Schwankungen der generellen Wachstumsintensität ab. Der Indikator *K* wird nämlich aus der Körperlänge und dem Alter gebildet, so daß das Alter, wenn auch die Körperlänge als Abszisse dient, immer noch in der Kurvenordinate enthalten ist. Somit ist zu erwarten, daß die Kurven des Indikators *K* für den Körperlängenverlauf im allgemeinen einen größeren Formenreichtum als die Kurven des Indikators *I* für den Körperfülleverlauf aufweisen, weil sie zusätzlich noch von den Schwankungen der generellen Wachstumsintensität abhängen.

Für die längsschnittmäßige (dynamisch morphologische) Analyse des individuellen Körperfülleverlaufs ist dann auch nicht mehr die Jahresrate des Lineargewichts die mathematisch richtige elementare Ausgangsgröße. Die Jahresrate selbst bedeutet ja eine Wachstumsgeschwindigkeit und ist definiert als die Zunahme des Körpermaßes pro Jahr. Da die Wachstumsgeschwindigkeit eines Körpermaßes trivialerweise von den Schüben und Hemmungen des Gesamtwachstums abhängt, kann sie somit nicht die elementare Ausgangsgröße für ein längsschnittmäßiges Studium der reinen Formwandlung sein. Die zweckdienliche richtige Ausgangsgröße ist vielmehr die Zunahme des Lineargewichts pro 1 cm Körperlängenzunahme bzw. die Verhältniszahl *Lineargewichtszunah-*

me: Körperlängenzunahme. Diese Verhältniszahl möge der „Gradient" des Lineargewichts oder auch der „Körperfüllegradient" heißen.

Im folgenden wird unter „Rate" stets eine Wachstumsgeschwindigkeit (Zunahme pro Jahr, Monat usw.) verstanden, während für alle Körpermaße der „Gradient" stets die Verhältniszahl aus der Zunahme des Körpermaßes und der gleichzeitigen Zunahme der Körperlänge sein soll. Eine längsschnittmäßige dynamisch morphologische Analyse der reinen Formwandlung kann somit nur mittels der „Gradienten" der Körpermaße mathematisch sachgerecht durchgeführt werden. Analog sei der Gebrauch des Wortes „Körperfülleverlauf" dahin eingeschränkt, daß es nur verwendet wird, wenn es sich um eine Aussage über den (Linear-) Gewichtsverlauf in Abhängigkeit vom Körperlängenwachstum handelt.

Es könnte sein, daß die Trennung von „reiner Formwandlung" und „genereller Wachstumsintensität" biologisch gegenstandslos ist, wenn es z. B. keine Wuchsstoffe gäbe, die das Wachstum im ganzen fördern oder hemmen. Aber auch in diesem Fall muß bei der Analyse somatometrischer Wachstumserhebungen methodisch eine solche Trennung durchgeführt werden, um auf empirisch somatometrischem Wege Anhaltspunkte dafür zu gewinnen, ob es solche Wuchsstoffe allgemeiner Wirkung auf das Wachstum gibt. Im Augenblick würde es zu weit führen, zu erörtern, daß dieser allgemeine mathematische Ansatz auch das Verfahren enthält, diejenigen Organe und Organsysteme ausfindig zu machen, die für einen speziellen Wuchsstoff das „Erfolgsorgan" darstellen (vgl. auch Nr. 30).

In Abb. 16 bedeutet der anfangs horizontale Kurvenverlauf, daß die Zunahme des Lineargewichts pro 1 cm Körperlängenzunahme, d. h. der Lineargewichtsgradient einen Wert hat, der (wegen entsprechender Wahl der Konstanten beim Indikator *I*) als ein „mittlerer Wert" aus der Gesamtbevölkerung angesehen werden kann. Der in den Punkten *G* einsetzende Kurvenanstieg erfolgt ungefähr unter einem Winkel von 45° (im Vergleich zur Horizontalen). Dieser Anstiegswinkel besagt nach den gewählten Maßstabsverhältnissen des Indikatordiagramms, daß im Körperfülleschub die Zunahme des Lineargewichts pro 1 cm Körperlängenzunahme um rund 50% größer als in den ersten 3 – 4 Schuljahren ist. Dies ist nach dem Vergleich aller Individualverläufe ungefähr der mittlere Wert, um den sich im klinisch unauffälligen Durchschnittsfall der Lineargewichtsgradient beim pubertätsbedingten Körperfülleschub erhöht. Wegen der üblichen (meist exogen bedingten) Gewichtsschwankungen ist der Trend der Körperfüllezunahme nicht so genau wie die Längenrate feststellbar. Inwieweit trotzdem interpersonelle Unterschiede sicher feststellbar sind, wird die Besprechung der Beispiele zeigen.

Um den Inhalt der Abb. 16–19 voll ausschöpfen zu können, sind noch folgende Erklärungen zur Deutung der Indikatorkurven notwendig:

Die Formel *(13)* für den Indikator *I* zeigt, daß nicht mit dem absoluten in kg gemessenen Körpergewicht *g*, sondern mit der 3. Wurzel aus *g*, dem sogenannten Lineargewicht, operiert wird. Die mathematisch einwandfreie Begründung zur Verwendung des Lineargewichts ist folgende: Da das spezifische Gewicht des menschlichen Körpers gleich 1 gesetzt werden darf (ROHRER, v. PIRQUET, v. PFAUNDLER u a.), so ist das Körpergewicht als ein auf physikalischem Wege durch Gewichtsmessung gefundener genügend genauer Wert für das Körpervolumen auffaßbar $\left(\frac{\text{Gewicht}}{\text{spez. Gewicht}} = \text{Volumen}\right)$. Die 3. Wurzel aus dem Körpervolumen hat aber mathematisch funktionell den Charakter eines (gemischt geometrisch arithmetischen) Mittelwertes aus allen wesentlichen Breiten- und Längenmaßen des Körpers. In dieser Deutung kann dann das Lineargewicht ohne Bedenken, daß man damit eine „mathematische Unlogik" begeht, mit jedem beliebigen linearen Körpermaß verglichen und in Beziehung gesetzt werden.

Durch die verschieden hohe Lage der Indikatorkurven über oder unter der Nullinie wird der Gewichtsunterschied zwischen den Kindern bei gleich großer Körperlänge zum Ausdruck gebracht.

Aus der Formel *(13)* folgt sofort, daß bei festgehaltener Körperlänge der Indikator *I* einen um so größeren Wert hat, je größer das Körpergewicht ist. In den ersten 3 Schuljahren bzw. im Körperlängenbereich zwischen *100* und *140 cm* stellt der Indikatorwert *+ 10* ungefähr die obere Grenze der sogenannten rein querschnittsstatistisch definierten „normalen Variationsbreite des Körpergewichts bei gegebener Körperlänge" dar. Die untere Grenze liegt bei ungefähr *– 10*.

In Abb. 16 zeigt z. B. die hohe Lage der obersten Indikatorkurve an, daß das Mädchen I im Vergleich zu seiner Körperlänge ein Körpergewicht hat, das ungefähr zu den größten gehört, die „normalerweise" in den ersten 3 Schuljahren bei gegebener Istlänge noch vorkommen. Beim Mädchen V liegt das Gewicht noch etwas über der unteren Grenze der „normalen Variationsbreite" und beim Mädchen VI ist diese untere Grenze bereits merkbar überschritten, so daß es sich um ein Mädchen (konstitutionell) extrem kleinen relativen Körpergewichts handelt.

26. Der klinisch unauffällige pubertätsbedingte Körperfülleschub.

Abb. 16 zeigt die am häufigsten vorkommende Form des Körperfülleverlaufs bei 6 Mädchen, wie sie sich nach dem Kurvenbild des Indikators I in Abhängigkeit von der Körperlänge als Abszissenwert darstellt. Die Indikatorkurven beginnen mit einem horizontalen Verlaufsstück und steigen beim Punkt *G* plötzlich an. Dieser Anstieg ist der „pubertätsbedingte Körperfülleschub".

Bei den Beispielen der Abb. 16 liegt der Beginn *G* des Körperfülleschubes rund 2—4 J. vor der Menarche *M*. Er fällt also mit dem Zeitpunkt der Konstatierung der beginnenden Entwicklung der sekundären Geschlechtsmerkmale ungefähr zusammen, was als der klinisch unauffällige „Normalfall" angesehen wird.

Abgesehen von der verschieden hohen Lage im Vergleich zur Nullinie sind die einzelnen Kurvenverläufe der Abb. 16 von so weitgehend übereinstimmender Verlaufsform, so daß man sagen kann, daß die 6 Mädchen dieselbe Form

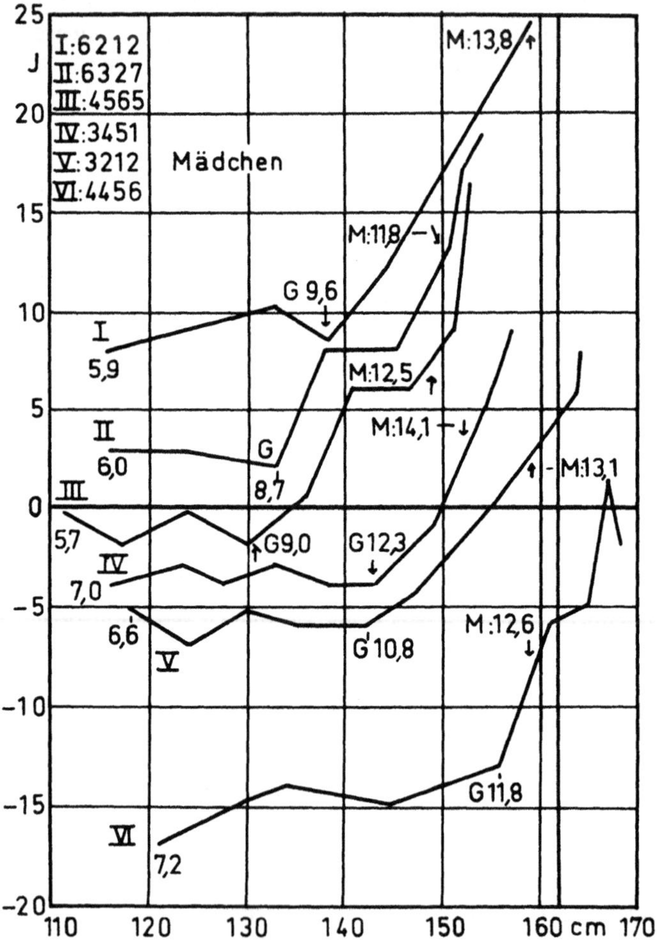

Abb. 16: Kurvenbild des Indikators *I* beim klinisch unauffälligen Durchschnittsfall des puberalen Körperfülleschubes *(GM)*. 6 Mädchen von extrem kleiner (VI) bis zu extrem großer (I) Körperfülle im 7. Lebensjahr.

des Entwicklungsverlaufs der Körperfülle im Schulkindalter haben. Denn bis zum Pubertätsbeginn hat der Körperfüllegradient den „Durchschnittswert" der Gesamtbevölkerung und erhöht sich sodann um rund 50%, wie es dem „durchschnittlichen normalen" Verhalten entspricht. Der Unterschied zwischen den einzelnen Mädchen liegt nur darin, daß sie im Alter von 6—7 Jahren und bei ungefähr gleicher Körperlänge bereits ein sehr verschiedenes Körpergewicht haben. Dies besagt, daß der Körperfüllegradient bei diesen 6 Mädchen im Schulkindalter nach dem gleichen „Programm" verläuft, obwohl durch das Wachstumsgeschehen in den ersten 6 Lebensjahren extrem unterschiedliche Werte der Körperfülle erzeugt wurden. Hieraus folgt, daß eine klinisch befriedigende Erforschung und Beurteilung der Körperformunterschiede im Schulkindalter nicht ohne ein Eingehen auf das Wachstumsgeschehen in den ersten 6 Lebensjahren möglich ist. Mit anderen Worten: Eine klinisch ausreichende Beurteilung der „Bedingtheit" des individuellen Wachstumsablaufs ist nach den allein im Schulkindalter erhobenen Befunden offenbar nicht möglich, sondern es sind dazu noch positive Kenntnisse über die individuellen Wachstumsbesonderheiten der ersten 6 Lebensjahre notwendig. Falls solche Kenntnisse, wie es meist bei der Lernanfängeruntersuchung mangels ausreichender Unterlagen der Fall ist, nicht vorhanden sind, muß notwendig die Beurteilung von Gewicht und Länge des Kindes mit einem erheblichen Unsicherheitsfaktor belastet sein.

27. Ausbleiben des puberalen Körperfülleschubes.

Klinisch besonders interessant sind auch bei den Körperfülleverläufen wieder die Ausartungen, die sich, da nur ein pubertätsbedingter Körperfülleschub als zur durchschnittlichen normalen Entwicklung gehörig in Erscheinung tritt, auf die Ausartungen des Körperfülleschubes reduzieren. Die erste Frage hierzu ist, ob der pubertätsbedingte Körperfülleschub auch ausbleiben kann. Bei den 3 Mädchen der Abb. 17 zeigt der bis zur Menarche praktisch horizontal bleibende Kurvenverlauf an, daß in der Tat der für die ersten 4 Schuljahre „durchschnittliche normale" Wert des Körperfüllegradienten auch bis zur Menarche beibehalten werden kann. Dann erst beginnt ein fast senkrechter Anstieg.

Dieser senkrechte Anstieg ist die mathematische Konsequenz davon, daß die Körperlänge als Abszisse dient. Wie im vorangehenden Abschnitt gezeigt wurde, nimmt die Körperlänge nach der Menarche nur noch geringfügig pro Jahr zu und geht bald in den Wachstumsstillstand über, während die Entwicklung der Körperfülle (im Rahmen der sogenannten Ausreifung) in merkbaren Ausmaßen bekanntlich noch wenigstens 3—4 Jahre lang weiterläuft. Dies ergibt dann den fast senkrechten Anstieg der Indikatorkurve *I*, der ebenso wie der senkrechte Abfall der Indikatorkurve *K* ein Zeichen des eingetretenen Wachstumsstillstandes der Körperlänge ist.

Eine naheliegende biologische Erklärung für die Verläufe der Abb. 17 ist daher, daß der „normalerweise" mit Beginn der Pubertät einsetzende (hormonal oder sonstwie bedingte) Antrieb zur verstärkten Entwicklung der Körperfülle ausgefallen ist.

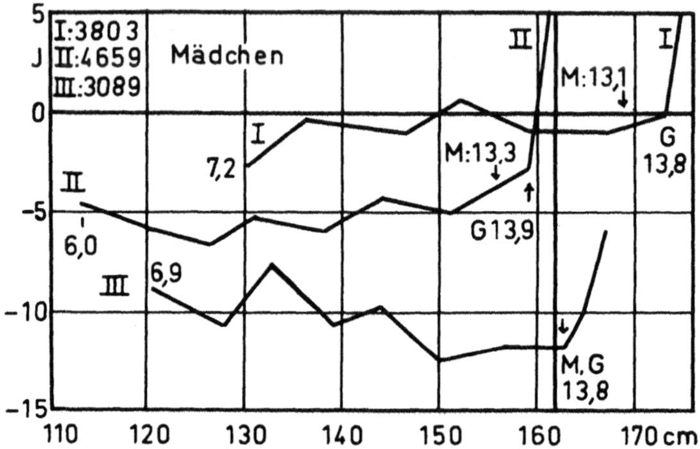

Abb. 17: Speziell bei den Mädchen ist wegen der Menarche der Variabilitätsfall sicher zu stellen, daß der puberale Körperfülleschub auch ausfallen kann, indem der Indikator *I* erst nach der Menarche *M* im Punkt *G* steil ansteigt.

28. Vom Beginn des Schulalters an gleichförmige überstarke Gewichtszunahme-(Progressive Verfettung).

Wegen der bekannten Variabilität des hormonalen Geschehens muß dann aber ebenso häufig der entgegengesetzte Fall eines zu frühen Auftretens des Antriebs zur verstärkten Körperfülleentwicklung zu beobachten sein. Hierfür bringt Abb. 18 fünf Beispiele. Das charakteristische bei diesen Körperfülleverläufen ist, daß die Indikatorkurve bereits vom 7. Lebensjahr ab praktisch geradlinig unter einem Winkel von rund 45° ansteigt. Der Körperfüllegradient hat also einen Wert, der normalerweise erst in der Pubertätsphase auftritt, bereits vom 7. Lebensjahr ab und behält diesen bis zur Menarche konstant bei. Es ist klar, daß sich dann bei der Reife ein mehr oder minder adipöses Erscheinungsbild ergibt. Die Abb. 16 zeigt, daß bei einem „normalen" Körperfülleschub der Wert des Indikators *I* um rund 10—15 Einheiten bis zur Menarche ansteigt. In Abb. 18 hingegen beträgt der Anstieg vom 7. Lebensjahr ab bis zur Menarche rund 20–30 und mehr Einheiten. Bemerkenswert ist, daß ein solcher Körperfülleverlauf auch bei Mädchen auftritt, die als Lernanfänger im Vergleich zur Körperlänge noch durchschnittliche (Mädchen IV) und sogar unterdurchschnittliche (Mädchen V) Gewichtswerte haben.

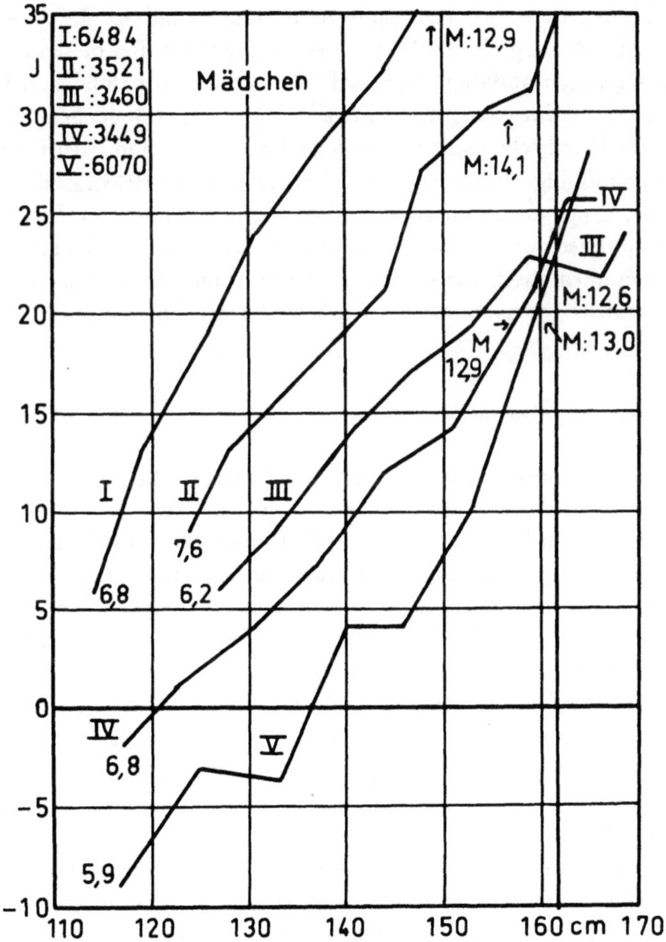

Abb. 18: Der relativ häufige Fall einer gleichförmigen überstarken Gewichtszunahme vom Beginn des Schulalters an bis zur Reife. Dieser Körperfülleverlauf kann von durchschnittlicher (IV) bis unterdurchschnittlicher (V) Körperfülle des Lernanfängers ausgehen. Denkt man sich in Abb. 16 den Beginn *G* des puberalen Körperfülleschubes um 2–4 J. vorverlegt, so kommt man zu dieser Verlaufsform der Körperfülle.

Die Diagnose „adipös“ wird im allgemeinen rein querschnittmäßig nach dem Befund bei der Untersuchung gestellt, bei den gebrachten Beispielen also erst dann, wenn das Istgewicht außerhalb der sogenannten „Variationsbreite des Normalen“ liegt. Dieser Zustand ist bei den gebrachten Beispielen erst dann erreicht, wenn die Indikatorkurve den Wert + 15 überschreitet. Längsschnittmäßig gesehen handelt es sich bei allen Mädchen jedoch um einen offensichtlich kontinuierlichen Prozeß überstarker Körperfüllezunahme, der nach dem Kurvenbild bereits vom 7. Lebensjahr ab in Gang ist und sich durch den gleichmäßig steilen Anstieg der Indikatorkurve manifestiert. Bei diesen Fällen liegt somit das klinisch auffällige Merkmal beim hohen Körperfülle gradienten; denn nach der Abweichung des Istgewichts vom körperlängengemäßen Mittelwert aus der Durchschnittsbevölkerung sind die Mädchen im Alter 6 Jahre noch klinisch unauffällig. Man sieht somit, daß die klinisch befriedigende diagnostische Auswertung somatometrischer Wachstumserhebungen in der Tat bis zu den Verhältnissen zwischen den Wachstumsgeschwindigkeiten der Hauptkörpermaße in mathematisch exakter Manier vordringen muß, d. h. nur auf dem Wege dynamisch morphologischer Wachstumsbeurteilung möglich ist.

29. Die echte präpuberale Verfettung.

Wenn die Diagnose „präpuberale Verfettung“ bei einer einmaligen Untersuchung in der präpuberalen Zeit nach dem extremen Übergewicht des Kindes gestellt wird, so würden in Abb. 18 zweifellos die Mädchen I—IV zu dieser Diagnose Veranlassung geben. Indessen tritt bei den individuellen Körperfülleverläufen noch die in Abb. 19 gebrachte Form einer Verfettung auf, die mir der „eigentliche“ Fall einer präpuberalen Verfettung zu sein scheint.

Die Kurven zeigen nach einem anfangs horizontalen Verlauf einen plötzlichen steilen Anstieg *UV*, der sich im Punkt *V* wieder abfängt, so daß der Körperfüllegradient vom Punkt *V* bis zum Wachstumsauslauf *T* wieder einen bedeutend niedrigeren Wert hat, der in der Größenordnung des durchschnittlichen Wertes für die ersten 3—4 Schuljahre liegt. Der steile Anstieg von *U* bis *V* entspricht einer plötzlichen Erhöhung des Gradienten um mehr als 80—100%. Die Knickpunkte *V* liegen im Beginn der Pubertätsphase, wie sie blickdiagnostisch nach der Entwicklung der sekundären Geschlechtsmerkmale festzustellen ist. Somit fällt die spontane Verfettung *UV* mit der präpuberalen Zeit zusammen, für die auch speziell die Disposition für eine Verlangsamung des Längenwachstums besteht. Dieser Verfettungsvorgang wird also im Beginn der „präpuberalen Zeit“ ausgelöst und läuft nicht bis zur Reife weiter, sondern wird im Beginn der Pubertätsphase wieder abgebremst.

Damit sind bis auf einen weiteren, erst später in Nr. 42 besprechbaren Fall die relativ am häufigsten vorkommenden Haupttypen der individuellen Körperfülleverläufe im Schulalter aufgezählt.

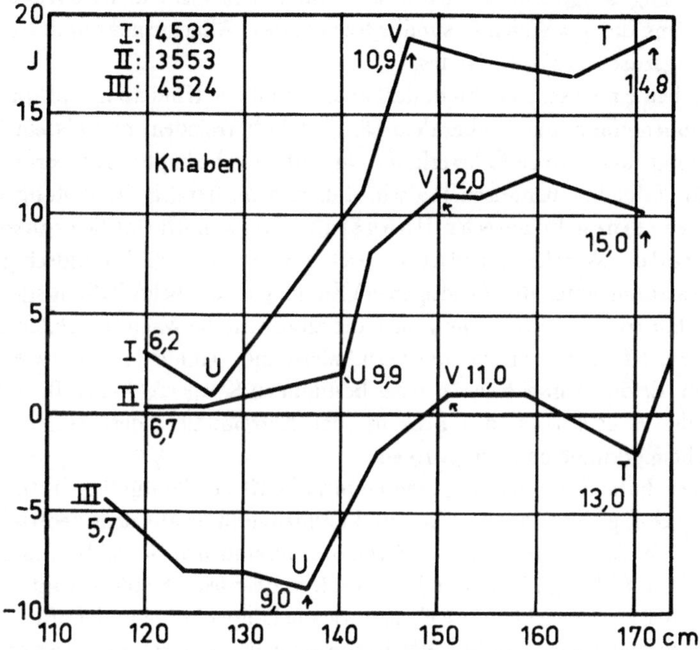

Abb. 19: Der „eigentliche" Fall einer „präpuberalen Verfettung", bei dem in der präpuberalen Zeit eine plötzliche und dann wieder sistierende Gewichtszunahme *(UV)* auftritt.

30. Die Existenz nur eines kritischen Punktes des Körperfülleverlaufs im Bereich des Pubertätsgeschehens im Vergleich zu zwei kritischen Punkten im Körperlängenverlauf.

Während bei den Körperlängenverläufen die Erscheinung einer präpuberalen Längenhemmung so häufig auftritt, daß von zwei kritischen Wachstumspunkten (*R* und *S*) gesprochen werden kann, ist beim Gewichtsverlauf als Funktion der Körperlänge als einzige sich genügend häufig wiederholende Erscheinung nur der Eintritt eines pubertätsbedingten Körperfülleschubes, der im folgenden immer mit dem Buchstaben *G* bezeichnet wird, zu notieren.

Wegen der bekannten Empfindlichkeit des Körpergewichts gegenüber Störungen verlaufen die Individualkurven natürlich nicht immer so glatt wie die in Abb. 16—19 gezeigten und haben manchmal ziemlich große Schwankungen und Zacken. Die größeren Schwankungen sind jedoch einmal relativ selten und lassen zudem kein Prinzip erkennen, wonach noch für eine weitere Stelle des Wachstums im Schulkindalter ein „kritischer Punkt" für die Körperfülleentwicklung aufgestellt werden könnte. Sie haben mehr den Charakter eines Symptoms des jeweiligen Gesundheitszustandes (Allgemeinzustandes oder Ernährungszustandes) des Kindes.

Aus dem empirischen Befund, daß auch bei all den Kindern mit präpuberaler Längenhemmung und puberalem Längenschub trotzdem nur als einzige Erscheinung des Körperfülleverlaufs ein pubertätsbedingter Körperfülleschub auftritt, folgt mathematisch logisch, daß sich im Bereich des Reifungsgeschehens den reinen Formwandlungsprozessen noch eine Schwankung der generellen Wachstumsintensität überlagern muß. Biologisch gedeutet muß es somit unter den (endogenen) Einflüssen, die beim Reifungsgeschehen in Aktion treten, auch solche geben, die allgemein die Wachstumsintensität des ganzen Körpers steigern oder vermindern und sich nicht nur vorwiegend an einem Erfolgsorgan bzw. in einer bestimmten Körperregion (z. B. in der Region des Brustkorbes, des Beckens, der Extremitäten, der sekundären Geschlechtsmerkmale usw.) auswirken.

Ferner habe ich noch folgende empirische Kontrolle durchgeführt. Bei der Untersuchung der 100 Gewichts- und Längenverläufe aus dem Beobachtungsgut von W. ZELLER hatte ich seinerzeit die individuellen Gewichts- und Längenverläufe in Abhängigkeit vom Alter studiert. Bei vielen Kindern zeigt sich, daß die absolute Gewichtskurve ebenso wie die Längenkurve in der präpuberalen Zeit ihre Steigung (absolute Wachstumsgeschwindigkeit) verringert. Von allen 100 Kindern habe ich erneut den Körperfülleverlauf mittels des Indikators I in Abhängigkeit vom Wachstum der Körperlänge untersucht mit dem Ergebnis, daß sich der Körperfüllegradient (*Gewichtsrate: Längenrate)* bei keinem Kind in der präpuberalen Zeit vorübergehend verkleinert.

Somit kann ich jetzt als genügend genau nachgeprüft behaupten, daß die Wachstumsänderung zur präpuberalen Zeit vorwiegend eine solche des Gesamtwachstums ist (meist Verringerung der generellen Wachstumsintensität), während vom Beginn der eigentlichen Pubertätsphase ab immer stärker isoliert Wachstumsänderungen bei den einzelnen Hauptkörpermaßen (wie ich bei der Bein- und Stammlänge und bei dem Brustumfang nachgeprüft habe) hervortreten. Diese isolierten Geschwindigkeitsänderungen der einzelnen Körpermaße erfolgen keineswegs immer zugleich bei den verschiedenen Körpermaßen. Die Analyse der Wachstumsänderungen im Bereich des Pubertätsgeschehens ist in Wirklichkeit eine mathematisch sehr verwickelte Angelegenheit, die nicht in einfacher Weise mit elementaren Methoden zu bewältigen ist.

VI. Abschnitt: Kritische Untersuchung über die Feststellbarkeit eines exogen bedingten Über- oder Untergewichtes.

31. Die exakte Formulierung des Problems.

Die Beobachtung, daß das Körpergewicht sehr fein auf Änderungen des Gesundheitszustandes reagiert, ergab den Wunsch, auch nach den somatometrischen Befunden einer einmaligen Untersuchung mit genügend großer Wahrscheinlichkeit erkennen zu können, ob ein Über- oder Untergewicht im therapeutisch ernährungsmäßig zu behebendem Sinne vorliegt. Die Originalbeobachtung selbst ist von der Natur einer längsschnittmäßigen Untersuchung, denn eine Änderung des Körpergewichtes auf exogene Einflüsse ist auf direktem Wege nur feststellbar, wenn das Kind in regelmäßigen und nicht zu lange Zeit auseinanderliegenden Abständen gemessen und gewogen wird. Der Pädiater stellte jedoch die Frage, ob es möglich ist, daß auch unter Verzicht auf eine vorangegangene längere Wachstumsbeobachtung nach den Befunden einer einmaligen Untersuchung das „individuelle Sollgewicht" und damit auch ein etwa vorhandenes individuelles Über- oder Untergewicht mit klinisch befriedigend genügend großer Sicherheit feststellbar ist.

Da im allgemeinen nur Körperlänge und -gewicht gemessen wird, kommt man am häufigsten in die Situation, allein aus der Körperlänge einen Anhaltspunkt für die Größe des individuellen Sollgewichtes gewinnen zu müssen.

Aus der Tabelle der Normalmaße von STUART und STEVENSON entnimmt man z.B., daß für einen 124 cm großen Knaben das mittlere Körpergewicht rund 24,5 kg beträgt. Ferner sind dazu noch die sogenannten „Perzentilwerte" P_3, P_{10}, P_{25}, P_{75}, P_{90} u. P_{97} angegeben. Der Perzentilwert P_x ist derjenige Wert des Gewichtes, der von x % der Kinder unterschritten und von (100–x) % der Kinder überschritten wird. Hat ein 124 cm großer Knabe z.B. ein Istgewicht von 20 kg, so ist der Tabelle zu entnehmen, daß dieser Wert zwischen den Perzentilwerten $P_3 = 19{,}5$ und $P_{10} = 20{,}77$ kg liegt. Er gehört also zu denjenigen Kindern, die die kleinsten Gewichte aus der Durchschnittsbevölkerung 124 cm großer Knaben haben. Er liegt in derjenigen Gruppe, die man erhält, wenn am unteren Ende der Häufigkeitsverteilung 10% aller Kinder abgeschnitten und von diesen die extrem kleinen fortgelassen werden, deren Gewicht unter dem Perzentilwert P_3 liegt. Der Knabe hat somit im Vergleich zu seiner Körperlänge ein bereits auffällig kleines Körpergewicht, das aber noch nicht zu den extrem kleinen gehört.

Ein solcher Befund ist die größtmögliche Information, die über das Verhältnis von Gewicht zu Länge im Vergleich zu den querschnittsstatistischen Erhebungen aus der Durchschnittsbevölkerung zu gewinnen ist. Die grundlegend kritische Frage ist nun, was sich aus diesem Befund in Bezug auf das Bestehen eines exogen bedingten Untergewichtes bei dem Knaben schließen läßt. Objektiv besagt der Befund nur, daß das Istgewicht des Knaben um 4,5 kg kleiner als der körperlängengemäße Mittelwert aus der Durchschnittsbevölkerung ist und daß er somit bei seiner Istlänge im Vergleich zum mittleren Körpergewicht aus der Durchschnittsbevölkerung ein auffällig kleines Körpergewicht hat. Ein klinisch wesentliches exogenes Untergewicht kann jedoch nur im Vergleich zum individuellen Sollgewicht festgestellt werden. Somit bleibt als ein erheblicher Unsicherheitsfaktor für die klinische Beurteilung des Istgewichtes die Frage nach dem Wert des konstitutionell bedingten individuellen Sollgewichtes des Knaben zurück. Angenommen, dieses liegt beim Mittelwert 24,5 kg aus der Durchschnittsbevölkerung, dann hat der Knabe mit 20 kg einwandfrei bereits ein klinisch bedeutsames Untergewicht. Es könnte aber auch sein, daß der Knabe körperbaumäßig so schlank ist, daß sein individuelles Istgewicht in der engeren Umgebung von z. B. 21 kg liegt. In diesem Fall wäre dann sein Istgewicht praktisch sein individuelles Normalgewicht bei Gesundheit.

Es ist jetzt zu sehen, daß die Angelpunkte der Kritik bei den beiden Fragen liegen: Erstens, wie weit kann ein individuelles Sollgewicht vom körperlängengemäßen Mittelwert aus der Durchschnittsbevölkerung entfernt liegen? Zweitens, wie groß darf ungefähr die Abweichung des Istgewichtes vom individuellen Sollgewicht sein, bis sich die ersten Anzeichen einer beginnenden klinischen Fett- oder Magersucht einstellen?

32. Abschätzung der „normalen Variationsbreite" der individuellen Sollgewichte bei gegebener Körperlänge.

In Bezug auf die erste Frage zeigen die individuellen Körperfülleverläufe der Kinder, daß die individuellen Sollgewichte eine enorm große Variationsbreite haben müssen, wenn die Kurvenverläufe nach folgenden Gesichtspunkten betrachtet werden. In Abb. 16 haben die gezeigten 6 Mädchen denselben Verlauf des Körperfüllegradienten (d. i. die Gewichtszunahme pro 1 cm Körperlängenzunahme). Bis zum Pubertätsbeginn hat dieser den durchschnittlichen Wert aus der Durchschnittsbevölkerung (horizontaler Kurvenverlauf). Sodann steigen alle Kurven um rund 45° an. Dieser Anstieg bedeutet eine im Vergleich zu vorher verstärkte Gewichtszunahme pro 1 cm Körperlängenzunahme, den „pubertätsbedingten Körperfülleschub". Dieser Anstieg wurde von mir so ausgesucht, daß er mit dem der Gewichtsmittelwerte aus der Durchschnittsbevölkerung praktisch übereinstimmt. Wenn daher eine bestimmte Verlaufsform des Körperfüllegradienten bzw. der Körperfüllezunahme als die „mutmaßlich biologisch normale" herausgestellt werden kann, so ist es die in Abb. 16 gezeigte.

Wie jedoch die verschieden hohe Lage der Indikatorkurven in Abb. 16 unmittelbar vor Augen führt, ist diese normale Verlaufsform der Körperfüllezunahme bei individuell sehr verschieden großer absoluter Körperfülle zu finden. Bei der Körperlänge 120 cm haben z. B. die Mädchen I—VI resp. die absoluten Körpergewichte 26,5; 24,2; 22,6; 21,8; 20,6 und 17,6 kg. Diese absoluten Gewichtsunterschiede bei gleicher Körperlänge können nur durch die individuell verschiedene Entwicklung der Körperform bzw. des Körperbaues in den ersten 6 Lebensjahren erzeugt worden sein. Im Schulkindalter ist der zeitliche Verlauf der Gewichtszunahme pro 1 cm Körperlängenzunahme bei allen 6 Mädchen praktisch der gleiche, so daß er die in den ersten 6 Lebensjahren erzeugten absoluten Körperfülleunterschiede nicht mehr ändert, weder ausgleicht noch verstärkt. Dieser Befund kann als ein Indizium dafür gedeutet werden, daß die absoluten Gewichtsunterschiede zwischen diesen 6 Mädchen konstitutionell endogen fixiert sind und nichts mit einer exogen bedingten Mastfettsucht oder Magersucht zu tun haben. Der Leser kann diese 6 Beispiele natürlich noch nicht als eine restlos beweiskräftige Unterlage anerkennen. Es handelt sich jedoch im Augenblick nur darum, die Prinzipien zu entwickeln, nach denen der Problemkomplex anzugreifen ist, und im weiteren Verlauf der Auswertung des Beobachtungsgutes komme ich ausführlicher auf diese Dinge zurück. (Da die Dicke des Bauchdeckenfettpolsters gemessen wurde, kann dieses kritisch mitverwertet werden.)

Aus der Tabelle von STUART und STEVENSON ist zu entnehmen, daß bei der Körperlänge 119,1 cm im Alter 6 1/2 J. das Gewicht von 10% aller Mädchen kleiner als 19,1 kg und von 10% aller Mädchen größer als 26,2 kg ist. Diese Variationsbreite von 19 bis 26 kg ist daher praktisch so groß (auf 500 g mehr oder weniger kommt es für die jetzigen Betrachtungen nicht an) wie die vorhin genannte Variationsbreite des Gewichtes der in Abb. 16 gezeigten Mädchen, die von 17,6 bis 26,5 kg reicht.

Die Abb. 16, der ich noch viele andere gleichen Gepräges aus dem Beobachtungsgut zur Seite stellen kann, gibt den Hinweis dafür, daß die Variationsbreite der individuellen Sollgewichte der Kinder fast so groß sein muß, wie die der Gewichte aus der Gesamtbevölkerung und daß also ein Urteil innerhalb dieser Variationsbreite bei einmaliger Feststellung nicht möglich ist.

33. Abschätzung der noch zulässigen Abweichung des Istgewichtes vom individuellen Sollgewicht bis zur beginnenden Fett- und Magersucht.

Weiter ist die zweite Frage wenigstens ungefähr zu beantworten, wie groß die Abweichung des Istgewichtes vom individuellen Sollgewicht sein darf, bis sich (im Mittel) die ersten Anzeichen einer beginnenden klinischen Fett- oder Magersucht einstellen. Einigermaßen sicher sind mir diese Zahlen nur für Erwachsene bekannt. Ich konnte sie selbst anläßlich meiner Mitarbeit bei den von F. CURTIUS durchgeführten Untersuchungen über Tabes dorsalis (1935–38) eruieren. Hierbei ergab sich die Möglichkeit, Gewicht und Körperlänge von Tabikern im Zustande der Fett- oder Magersucht mit denjenigen Werten zu vergleichen, die sie rund 20 Jahre vorher bei guter Gesundheit im Wehrdienst hatten. Da die früheren Gewichtswerte näher den individuellen Sollwerten liegen müssen, so ergab sich schätzungsweise, daß beim Erwachsenen eine Gewichtserhöhung von 15–20% als eine beginnende Fettsucht und eine Erniedrigung um 10–15% als eine beginnende klinische Magersucht gelten kann. Diese Zahlen sind nach den im Buch „Tabes dorsalis" gegebenen individuellen Werten vom Leser leicht überschlagsmäßig nachprüfbar.

Eine weitere Möglichkeit der Nachprüfung, insbesondere der Grenze zur beginnenden Magersucht hin, liefert das von CHARL. SCHOLZ im schulärztlichen Dienst erstellte Beobachtungsgut der Wachstumsverläufe von rund 500 Berliner Schulkindern. Aus Krankenhausberichten ist zu entnehmen, daß der durch schwerere Krankheit hervorgerufene Gewichtsabfall im Vergleich zu den schulärztlichen Messungen selten mehr als 10–15% des individuellen Gewichts beträgt, das vor Eintreten der Krankheit und nach der Erholung aus der Gewichtskurve als der individuell normale Wert abzulesen ist.

34. Möglichkeit und Grenzen der klinisch hinlänglich genauen Bestimmbarkeit des individuellen Sollgewichtes durch laufende Wachstumskontrolle.

Insoweit diese Befunde beim Erwachsenen über die klinisch noch nicht bedenkliche Abweichung des Istgewichts vom individuellen Gewicht auf ein rund 120 cm großes Schulkind, das noch weit vor dem Pubertätsbeginn steht, übertragen werden dürfen, würde somit eine Abweichung um ± 3–4 kg vom individuellen Sollgewicht eine klinisch bereits auffällige Abweichung sein. Die Variationsbreite 6 1/2 jähriger, 119 cm großer Mädchen vom Perzentilwert P_{10} bis zum Perzenzilwert P_{90} reicht aber von 19 bis 26 kg, beträgt also rund 7 kg. Sie ist somit rund doppelt so groß wie die noch zulässige Abweichung vom individuellen Sollgewicht um 3–4 kg, die wir als Ausdruck der Fähigkeit, Reservestoffe zu speichern oder abzugeben annehmen müssen.

Wenn z. B. in Abb. 16 bei der Körperlänge 120 cm das Mädchen I mit 26,5 kg sein konstitutionell fixiertes individuelles Sollgewicht hat, dann kann es den Wert 22,6 kg, den für das Mädchen III individuell normalen Wert, nur durch eine klinisch nicht mehr belanglose Abmagerung erreichen. Wenn andererseits für das Mädchen VI ein Gewicht von 17,6 kg konstitutionsbedingt ist, so kann es den für seine Körperlänge geltenden Mittelwert aus der Durchschnittsbevölkerung nur durch eine Gewichtserhöhung um 4—5 kg erreichen, d. h. nur durch eine klinisch nicht mehr belanglose Verfettung. Man sieht so unmittelbar anschaulich, daß *bei entsprechender Lage des individuellen Sollgewichtes* der sogenannte Variationsbereich des *Normalen* (aus der Durchschnittsbevölkerung) vom Istgewicht *keineswegs* bis zum Beginn einer klinischen Fett- oder Magersucht *verlassen zu werden braucht.*

Aus diesen Betrachtungen folgt: Falls nur *Körperlänge* und *Gewicht* gemessen werden, bietet nur eine *laufende längsschnittmäßige Verfolgung des individuellen Wachstumsverlaufs* die Möglichkeit, mit klinisch befriedigend kleiner Fehlerbreite den Bereich festzulegen, in dem sich im Zeitpunkt der Untersuchung das *individuelle Sollgewicht* befinden müßte. Es ist selbstverständlich, daß dabei die Kurvenpunkte aus Zeiten, in denen das Kind einen klinisch vollkommen gesunden Eindruck machte, die Hauptrolle zur Orientierung über das individuelle Sollgewicht spielen. Die Kurvendarstellung des Wachstums hat dabei den eigentlichen praktischen Zweck, *von früheren gesunden Zeiten* leicht mit dem Auge eine *Extrapolation* bis zum *Zeitpunkt der Untersuchung* vornehmen zu können.

Mit dem Herannahen der Pubertät und der damit verknüpften verstärkten Zunahme der Körperfülle wird die Sachlage wegen der dabei neu ins Spiel kommenden starken individuellen Variabilität des pubertätsbedingten Körperfülleschubes erheblich kompliziert. Es gibt Fälle, bei denen der pubertätsbedingte Körperfülleschub fast ganz ausbleiben kann (Abb. 17). Bei diesen Kindern entsteht dann in der Pubertätsphase der Anschein einer progressiven Abmagerung, die jedoch nichts mit einer eigentlichen exogen bedingten Abmagerung zu tun hat. Wie später noch gezeigt wird, behält bei diesen Kindern das Bauchdeckenfettpolster die Dicke bei, die es in den ersten 4 Schuljahren hatte. Andererseits kann der Körperfülleschub relativ früh, bereits vor Beginn der Pubertätsphase einsetzen. Wenn man sich allein an die somatometrischen Befunde hält, tritt dann eine progressiv zunehmende Verfettung ein, die aber nach dem gesamten Kurvenverlauf im Zusammenhang mit dem Reifungsgeschehen steht und nicht exogen ernährungsmäßig bedingt ist.

Die individuell verschiedenen Verläufe des pubertätsbedingten Körperfülleschubes können natürlich von exogen bedingten Abmagerungen und Verfettungen überlagert werden, wodurch dann ein kaum richtig zu interpretierendes

Kurvenbild entsteht. Im Bereich des Pubertätsgeschehens bleibt somit in der Tat nichts weiter übrig, als die Wachstumsverläufe von Gewicht und Länge laufend mit den klinischen Befunden zu vergleichen, um aus dieser Gegenüberstellung entnehmen zu können, wie der Wachstums- und Gesundheitszustand des Kindes am wahrscheinlichsten zu beurteilen sei. Es ist vollkommen verfehlt, sich hierbei allein nach den Wachstumskurven zu richten.

Das grundsätzliche Ergebnis der vorstehenden Ausführungen ist: Die einzig zulängliche kollektivstatistische Unterlage zur Beantwortung der Frage nach der Verwertbarkeit der Gewichts- und Längenmessungen für die Beurteilung eines individuellen exogenen Über- oder Untergewichtes besteht in einer längsschnittmäßigen Korrelationstabelle, die die Gewichts- und Längenwerte bei manifest klinisch gesundem und bei manifest klinisch krankem Zustand der einzelnen Individuen vergleicht. Es ist nicht möglich, nur durch reine querschnittsstatistische Erhebungen, die für ein bestimmtes Alter durchgeführt werden, klinisch zulängliche Richtlinien zur Beurteilung des Istgewichtes zu eruieren. Vielmehr ist bei allen Personen, bei denen Gewicht und Länge sowohl im gesunden wie auch im kranken Zustand gemessen wurde, der längsschnittmäßige Vergleich von Gewicht und Länge bei Krankheit und Gesundheit durchzuführen. Beim Erwachsenen ist diese Untersuchung nicht besonders schwierig. Bei Kindern entsteht eine Komplikation durch die wachstumsbedingte Änderung von Gewicht und Länge. Das vergleichende Studium von Individualverläufen zeigt, daß diese Komplikation wegen der starken interpersonellen konstitutionell bedingten Variabilität des Wachstums- und Formwandelverlaufs nur zum Teil überwindbar und zum Teil praktisch unüberwindbar ist. Demzufolge ist es unmöglich, daß es irgend ein Verfahren graphischer Wachstumsdarstellung geben kann, nach dem allein stets und in jedem Alterspunkt eindeutig zu erkennen ist, ob z. B. das Kind gedeiht, ob es über- oder untergewichtig ist, ob Gefahr im Verzuge ist usw. Das erreichbare Ziel kann nur sein, eine möglichst genaue Übersicht über die klaren und die mehr oder weniger unklaren, d. h. nicht sicher beurteilbaren Fälle zu geben. Das Studium der interpersonellen Variabilität des menschlichen Wachstums liefert den Beweis dafür, daß es nicht einige wenige Richtlinien zur Beurteilung des Ernährungs- und Wachstumsstandes des Kindes geben kann. Es sind vielmehr eine stattliche Anzahl typologischer Sonderfälle zu unterscheiden. Die eigentliche Schwierigkeit liegt darin, daß aus der noch so genauen Beobachtung des vorangegangenen Wachstumsverlaufs nicht sicher entnehmbar ist, wie er sich bei den noch folgenden kritischen Wachstumspunkten verhalten wird.

VII. Abschnitt: Die richtige Interpretation der Mittelwertverläufe von Gewicht und Länge aus der Durchschnittsbevölkerung.

35. Erklärung des Verlaufs der Mittelwerte von Gewicht und Länge für das 6.–18. Lebensjahr nach den Befunden zur individuellen Wachstumsvariabilität.

Die innerhalb der Wachstumsvariabilität herrschende empirisch statistische Gesetzlichkeit zeigt, wie die Mittelwertverläufe der Hauptkörpermaße aus der Durchschnittsbevölkerung richtig interpretiert werden müssen und praktisch nur verwendet werden können. Z. B. wurde bezüglich der präpuberalen Längenhemmung festgestellt, daß sie bei vielen Kindern überhaupt nicht und bei anderen hingegen sehr stark auftritt. Es ist klar, daß die mittlere Körperlänge aus der Durchschnittsbevölkerung hierauf nur wie ein sogenannter gewogener Mittelwert reagieren kann, d. h., je häufiger und je stärker eine präpuberale Längenhemmung eintritt, um so stärker wird davon auch der Mittelwertverlauf beeinflußt.

Z. B. hat nach den Individualverläufen das männliche Geschlecht eine ausgesprochene Disposition für das Auftreten starker Längenhemmungen, wenn auch eine Anzahl von Knaben zu finden ist, bei denen sie vollkommen fehlt. Im Vergleich zu den Knaben ist bei den Mädchen eine relativ geringe Disposition vorhanden. Eine Bestätigung bzw. ein (summarischer) Beweis für diese Behauptung muß auch durch den Vergleich des Verlaufs der mittleren Körperlänge bei Knaben und Mädchen zu erbringen sein, weil die mittlere Körperlänge bei den Knaben stärker als bei den Mädchen ihre Jahresrate in der präpuberalen Zeit verringern muß.

Ferner wurde bei Knaben und Mädchen der für die Theorie der Wachstumsphasen sehr interessante Befund erhoben, daß der Körperfülleverlauf im Schulkindalter stets nur zweiphasig ist, indem nach vorherigem glatten Verlauf nur der pubertätsbedingte Körperfülleschub einsetzt. Diese Zweiphasigkeit des Körperfülleverlaufs ist jedoch auch bei all den Kindern (Knaben und Mädchen) vorhanden, bei denen der Längenverlauf durch Eintreten der präpuberalen Längenhemmung und des puberalen Längenschubes in insgesamt drei Phasen zerfällt. Dieser Befund muß ebenfalls durch die Mittelwertverläufe aus der Durchschnittsbevölkerung summarisch nachprüfbar sein.

Daraufhin seien jetzt die Zahlenangaben der Tabelle der Normalmaße von STUART und STEVENSON genauer studiert. Eine Bestätigung durch diese Tabelle, die sich auf Nordamerikaner westeuropäischer Herkunft bezieht, erfüllt weiter den Zweck, zu zeigen, daß es sich nicht um Besonderheiten unseres Beobachtungsgutes „Deutsche Nachkriegskinder", sondern um allgemeine Wachstumserscheinungen handelt.

Auch glaube ich, daß es den Leser interessieren wird, im Vergleich zu den Abb. 1—19 die Indikatordiagramme der Mittelwertverläufe von Gewicht und Länge zu sehen. Man sieht dann unmittelbar, wie groß die Unterschiede zwischen den Individualverläufen und dem Mittelwertverlauf überhaupt sind. Damit ist schon auf rein anschaulich intuitivem Wege abschätzbar, in welche Schwierigkeiten man gerät, wenn der Mittelwertverlauf aus der Durchschnittsbevölkerung hypothetisch als der „normale" Wachstumsverlauf angenommen wird.

Die Abb. 20 bringt die Indikatordiagramme der Mittelwertverläufe von Gewicht und Länge für das gesamte Wachstumsalter (die Betrachtung der ersten 6 Lebensjahre wird erst im folgenden Abschnitt benötigt). Die Indikatorkurve für den Längenverlauf zeigt bei den Knaben von 9—16 J. eine Schwankung, die größenordnungsmäßig durchaus mit der in Abb. 5 bei Individualverläufen gezeigten vergleichbar ist. Indessen muß man beim Mittelwertverlauf mit der Deutung etwas vorsichtig sein. Bei einem Individualverlauf würde das Absinken der Kurve im Alter 9 Jahre beim Punkt [*R*] den Beginn der präpuberalen Längenhemmung bedeuten. Es ist falsch, beim Mittelwertverlauf dieses Absinken als den „mittleren Beginn" der präpuberalen Längenhemmung bei Knaben zu interpretieren. Die aus der mathematischen Natur eines (gewogenen) Mittelwertes folgende richtige Deutung ist vielmehr: Bei allen Knaben, die eine Disposition zur präpuberalen Längenhemmung haben, ist bis zum 10. Lebensjahr die präpuberale Längenhemmung in genügend großer Häufigkeit und in genügend großer Stärke eingetreten, so daß der Mittelwertverlauf der Körperlänge darauf mit einem merkbaren Absinken zu reagieren beginnt. Wegen dieser anderen Deutung habe ich in Abb. 20 den Buchstaben *R* in eckige Klammern gesetzt. Die Deutung des Wiederanstiegs der Mittelwertkurve im 13. Lebensjahr beim Punkt [*S*] lautet analog: In diesem Lebensjahr ist bei einer genügend großen Anzahl von Knaben die präpuberale Längenhemmung

Abb. 20: Vollständiges Indikatordiagramm (d. h. die Kurvenverläufe der Indikatoren *I* und *K* zusammen in Abhängigkeit von der Körperlänge als gemeinsamer Abszisse) der Mittelwertverläufe von Gewicht und Länge für das gesamte Wachstumsalter nach der Tabelle der Normalmaße von STUART u. STEVENSON. ▶
Bei den vollständigen Indikatordiagrammen sind die Altersangaben am oberen Rand des Koordinatennetzes eingetragen.

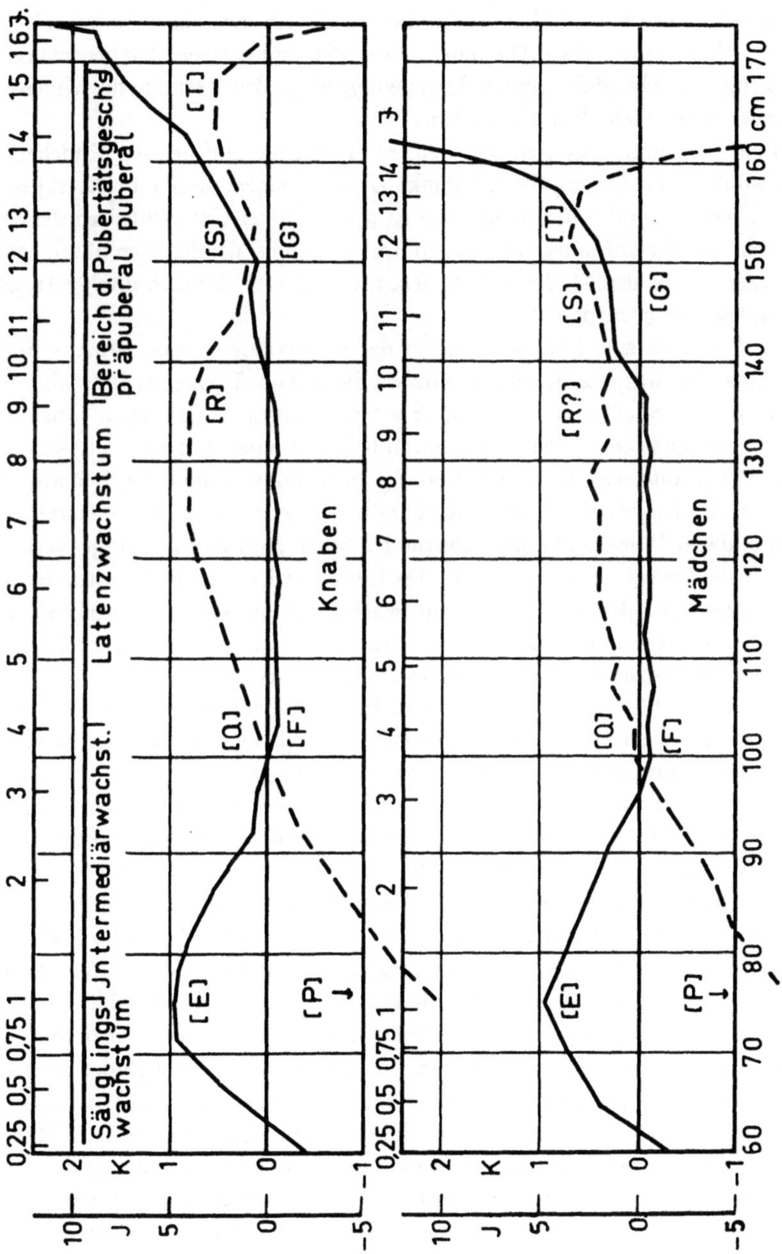
Säuglings-wachstum
Intermediärwachst.
Latenzwachstum
Bereich d. Pubertätsgesch's
präpuberal
puberal
Knaben
Mädchen
[E]
[P]
[Q]
[F]
[R]
[S]
[G]
[T]
[R?]
K
J
0,25 0,5 0,75 1 2 3 4 5 6 7 8 9 10 11 12 13 14 15 16 J.
60 70 80 90 100 110 120 130 140 150 160 cm 170

bereits beendet oder im Übergang zum darauffolgenden Längenschub begriffen. Hinzu kommen noch die Längenschübe von den Knaben, die keine präpuberale Längenhemmung hatten. Die Summation aller eingetretenen Längenschübe ergibt im 13. Lebensjahr bereits einen genügend großen Wert, um die Mittelwertkurve wieder nach oben abzulenken.

Betrachtet man hingegen den mittleren Längenverlauf bei den Mädchen, so ist wohl im 11. Lebensjahr der Punkt [*S*] zu erkennen, der Punkt [*R*] ist jedoch noch nicht einmal andeutungsweise zu sehen. Dieser Unterschied entsteht dadurch, daß die präpuberalen Längenhemmungen bei den Knaben häufiger und stärker als bei den Mädchen auftreten, wie in Tab. 3—8 durch direkte Auszählung festgestellt wurde.

Im Vergleich zum Mittelwertverlauf der Körperlänge aus der Durchschnittsbevölkerung wären z. B. bei den Knaben die in Abb. 5 gezeigten Individualverläufe als „normal" und die in Abb. 3 u. 6 gebrachten als „anormal" anzusprechen. Für die Mädchen würden dann Abb. 2 „normale" und Abb. 1 u. 4 „anormale" Verläufe zeigen. Diese Bewertung sieht zunächst unverfänglich aus. Die eigentliche theoretische Schwierigkeit ergibt sich jedoch erst bei der Auszählung der in dieser Weise bestimmten „normalen" und „anormalen" Längenverläufe. Die Tab. 3 zeigt unmittelbar, daß das Herausstellen einer bestimmten der aufgeführten Verlaufsformen des Längenwachstums als der „normalen" stets zur Konsequenz führt, daß dann höchstens die Hälfte aller Kinder einen „normalen" Wachstumsverlauf hat.

Der Punkt [*T*] ist so zu deuten, daß bei einer genügend großen Anzahl der Kinder die Reifung soweit gediehen ist, daß sie sich entweder bereits im Wachstumsstillstand oder im Wachstumsauslauf mit einer kleineren individuellen Längenrate als 5,5 cm/J. befinden. Ihre Anzahl ist bereits so groß, daß auch die Rate der mittleren Körperlänge aus der Gesamtbevölkerung unter den Wert 6 cm/J. abzusinken beginnt. Dieser Sachverhalt tritt bei den Knaben im 16. und bei den Mädchen im 13.—14. Lebensjahr ein.

Bemerkenswert ist weiter, daß die mittlere Länge für das Alter 12,5 J. keinen besonders großen Unterschied zwischen Knaben und Mädchen anzeigt. Nach den Originalzahlen ist die mittlere Länge für die Knaben 152,3 und für die Mädchen 154,3 cm, und von dem Unterschied von nur 2 cm kann nicht viel Aufhebens gemacht werden. Im 13. Lebensjahr besteht jedoch zwischen Knaben und Mädchen der „wesentliche" wachstumsphysiologische Unterschied, daß in Bezug auf die Gesamtbevölkerung bei den Mädchen bereits die (numerische) Vorherrschaft des Wachstumsauslaufs und bei den Knaben erst die (numerische) Vorherrschaft der puberalen Längenschübe einsetzt. Dadurch werden die Knaben im mittleren Endeffekt bis zu ihrem Wachstumsstillstand rund 12 cm größer als die Mädchen.

Die Knaben haben bis zum 9. Lebensjahr eine um rund 2 cm größere mittlere Körperlänge als die Mädchen erreicht. Dann beginnt sich aber bei ihnen die Vorherrschaft der präpuberalen Längenhemmungen durch ein Nachlassen der mittleren Wachstumsgeschwindigkeit (von [*R*] bis [*S*]) bemerkbar zu machen. Die Mädchen hingegen haben eine geringere Disposition zur Entwicklung einer präpuberalen Längenhemmung, wodurch diese in so geringer Anzahl und in so geringer Ausprägung erscheinen, daß sie keinen merkbaren numerischen Einfluß auf den Mittelwertverlauf haben.

Im Zeitraum vom 10. bis 13. Lebensjahr, in dem bei den Mädchen die Vorherrschaft der pubertätsbedingten Längenschübe beginnt, die zur baldigen Reife und anschließendem Wachstumsauslauf führen, schaltet sich bei den Knaben erst eine Phase merkbar reduzierter mittlerer Wachstumsgeschwindigkeit durch die bei ihnen vorwiegenden starken präpuberalen Längenhemmungen ein. Da diese Längenhemmungen auch den Reifetermin im Mittel hinauszögern (Nr. 23), so könnte hier eine Haupterklärung für die im Mittel rund 2 Jahre spätere Reifung der Knaben liegen. In Abb. 20 beträgt nämlich bei den Knaben der Körperlängen- bzw. Abszissenunterschied zwischen den Punkten [*R*] und [*S*] rund 12 cm und dieser Betrag ist gleich dem mittleren Körperlängenunterschied zwischen 18jährigen Knaben und Mädchen.

Daß der Körperfülleverlauf nur einen einzigen kritischen Wachstumspunkt im Schulkindalter hat, wird durch die Mittelwertverläufe in der Weise bestätigt, daß bei den Knaben trotz der großen Schwankung [*R, S, T*] im mittleren Längenverlauf beim mittleren Körperfülleverlauf nur ein einmaliges Ansteigen nach oben sichtbar ist. Der Beginn [*G*] dieses Anstiegs liegt kurz vor dem Beginn [*S*] des Anstiegs der mittleren Körperlänge. Dies bedeutet, daß bei den Individualverläufen der Beginn des pubertätsbedingten Körperfülleschubes „im Mittel" vor dem Beginn des puberalen Längenschubes und nach dem Beginn der präpuberalen Längenhemmung liegt, insoweit diese Wachstumsvorkommnisse wirklich im Individualfall eintreten.

VIII. Abschnitt: Blick auf die inter- und intrapersonelle Variabilität des Körperfülle- und des Längenverlaufs in den ersten 6 Lebensjahren.

36. Die mittlere intrapersonelle Variabilität nach den Mittelwertverläufen von Gewicht und Länge aus der Durchschnittsbevölkerung.

Mathias Schleiden hat bereits vor rund 100 Jahren den Grundsatz aufgestellt, daß alle Gestaltungen und Formen, die ein Organismus im fertigen Zustand zeigt, unverständlich sind, wenn man nicht seine Entwicklung von den ersten Anfängen an verfolgt. Nach der gebrachten Schilderung der individuellen menschlichen Wachstumsverläufe gilt dieser Grundsatz sinngemäß auch für den Spezialfall, daß die verschiedenen Körperformen der Lernanfänger und ihre Wachstumsverläufe im Schulkindalter unverständlich sind, wenn nicht die Wachstumsgesetzlichkeiten der ersten 6 Lebensjahre und ihre (typologischen) Abartungen bekannt sind. Deshalb sei jetzt untersucht, was das in Abb. 20 gebrachte Indikatordiagramm der Mittelwertverläufe von Gewicht und Länge nach der Tabelle der Normalmaße von STUART und STEVENSON über die intrapersonelle Variabilität des Körperfülle- und des Längenverlaufs in den ersten 6 Lebensjahren im großen aussagt. Durch den vorhergehenden Abschnitt sind wir darauf aufmerksam gemacht worden, daß den Mittelwertverläufen nur allgemeine Tendenzen des Wachstumsverlaufs entnommen werden können, d. h. sie zeigen nur an, welcher Art die am häufigsten vorkommenden Wachstumserscheinungen sind. In wie verschiedener Weise sich die Tendenzen und ihre Ausartungen bei den individuellen Wachstumsverläufen kombinieren können, wird sich in Nr. 38 beim vergleichenden Studium von Individualverläufen ergeben.

Auf den ersten Blick fällt die bei Knaben und Mädchen gleiche Schwankung der Indikatorkurve für den Körperfülleverlauf auf. Die Kurve beginnt jeweils im Alter 0,25 J. bzw. bei der Körperlänge von rund 60 cm mit einem steilen Anstieg. Die Größe dieses Anstiegs entspricht der, die inmitten des pubertätsbedingten Körperfülleschubes vorhanden ist. Dies bedeutet, daß die mittlere Lineargewichtszunahme pro 1 cm Körperlängenzunahme im Säuglingsalter die gleiche wie in der Pubertät ist. Bei der Körperlänge von rund 75 cm läuft die Indikatorkurve durch ein Maximum hindurch, wobei bemerkenswert ist, daß dies im Alter von einem Jahr, d. h. beim Übergang vom Säuglings- zum Kleinkindalter geschieht.

Dies ist eine weitere positive Unterlage für die Ansicht von A. Portmann, daß zwischen dem Säuglingsalter und dem übrigen Wachstumsalter ein scharfer Trennungsstrich besteht, indem das Säuglingsalter noch zur eigentlich embryonalen Wachstumsform gehört. Als erste positive Unterlage hatte ich zusammen mit CHARL. SCHOLZ in der Studie „Wachstumsdynamische Beobachtungen zum individuell accelerierten und retardierten Körperlängenwachstum in den ersten 6 Lebensjahren" gefunden, daß im Beginn des Kleinkindalters beim Gros der Kinder eine knickartige Senkung der hohen Wachstumsgeschwindigkeit des Säuglingsalters auf einen Wert von rund 10–12 cm/J. stattfindet. Somatometrisch ist damit insgesamt soviel sicher, daß der Übergang vom Säuglings- zum Kleinkindalter wirklich einen wesentlichen Umschwung im Wachstumsablauf und den ersten kritischen Wachstumspunkt für Körpergewicht und Körperlänge darstellt.

Nach dem Maximum fällt die Kurve fast ebenso steil wieder ab, wie sie vorher angestiegen war und geht bei der Körperlänge 98–102 cm, d. h. beim 4. Lebensjahr, in den horizontalen Verlauf über. Damit stoße ich auch beim Körperfülleverlauf wieder auf den Befund, daß ein weiterer 2. Wachstumsumschwung im Mittel im 4. Lebensjahr stattfindet. In der genannten Studie zum Längenwachstum wird nämlich festgestellt, daß bei sehr vielen Kindern in der engeren Umgebung des 4. Lebensjahres das Absinken der Längenrate von 10–12 auf 5–7 cm erneut ausgesprochen knickartig erfolgt. Somit liegt jetzt eine zweifache Stütze für die Ansicht von DOXIADES vor, daß von rein klinischer Sicht das sogenannte Kleinkindalter im Mittel bereits früher, ungefähr im Alter von 4–5 Jahren beendet sein müßte, in dem der zweite kritische Wachstumspunkt für Gewicht und Länge liegt.

Da ZELLER behauptet hat, daß im Mittel im Alter 6,0 J. ein „Gestaltwandel" als „Zäsur des gesamten Wachstumsgeschehens" auftritt, den er als den „ersten Gestaltwandel des Kindes" bezeichnet und der nach den vorstehenden Ausführungen als der dritte zu zählen wäre, so muß ich noch zu der Behauptung von ZELLER meine kritische Stellungnahme geben. Bei den von mir untersuchten Individualverläufen und bei den in der Literatur angegebenen Mittelwertverläufen kann ich nach meiner verfeinerten Untersuchungsmethode nur feststellen, daß vor dem Bereich des Pubertätsgeschehens nicht mehr als zwei kritische Wachstumspunkte bzw. Wachstumsumschwünge beim Körperfülle- und Körperlängenverlauf auftreten. Der erste liegt beim Übergang vom Säuglings- zum Kleinkindalter und ist bei allen Individualverläufen stark ausgeprägt. Der zweite liegt im Mittel im 4. Lebensjahr und kann wegen der großen interpersonellen Wachstumsvariabilität manchmal bereits im Beginn des 3. Lebensjahres und manchmal erst im 6. Lebensjahr beim Kind festgestellt werden. Es können also auf dynamisch morphologischer Basis nach dem Verhalten der Wachstumsgeschwindigkeiten nicht mehr als 3 Wachstumsphasen bis zum Anlauf des Pubertätsgeschehens (genauer bis zum Beginn der präpuberalen Zeit) gestützt werden, nämlich: das Säuglingsalter, das Kleinkindalter und die Verlaufsform des Schulkindwachstums. Die Auseinandersetzung mit der Behauptung von ZELLER reduziert sich also auf die Frage, ob er die mittlere zeitliche Lage der vor dem (mit 6,0 J. beginnenden) Schulkindalter stattfindenden Wachstumsänderungen blickmäßig richtig eingeschätzt hat (vgl. die Ausführungen in Nr. 2). ZELLER legte im Rahmen seiner wachstumstheoretischen Ausführungen einen besonderen Wert darauf, daß diese Wachstumsänderungen im Mittel im Alter 6,0 J. stattfinden sollten, weil er meinte, daß dies eine Begründung dafür abgebe, daß die Kinder im Alter 6 Jahre eingeschult würden. Nach der dynamisch morphologischen Analyse somatometrischer Wachstumserhebungen ergibt sich jedoch, daß das 4. Lebensjahr und nicht das Alter 6,0 J. ein zeitlicher Mittelpunkt für wesentliche Wachstumsänderungen ist, was dafür spricht, daß der Pädiater von rein klinischer Sicht das 4. Lebensjahr mit Recht als den mittleren Abschluß einer besonderen Phase heraushebt. Man kann somit sagen, daß rein klinische Aspekte eine bessere Übereinstimmung mit den Ergebnissen somatometrischer dynamisch morphologischer Wachstumsanalyse als die sogenannte somatoskopisch intuitive Formwandelanalyse aufweisen.

Ferner möchte ich noch erwähnen, daß ich nach der Indikatormethode auch die Wachstumsbeziehungen zwischen Stammlänge, Beinlänge, mittlerem Brustumfang und Körperlänge nach den Mittelwertangaben aus der Literatur untersucht habe. Ich erhielt stets vom 3—4. Lebensjahr bis zum 10. Lebensjahr praktisch geradlinig verlaufende Indikatorkurven, während das davorliegende Kurvenstück nach unten oder oben abbog.

37. Die individuell variable Gliederung des Körperlängen- und Körperfülleverlaufs in Phasen im Vergleich zu einer Phaseneinteilung des Wachstumsalters von ganzheitlicher Sicht: Aufstellung einer zweckmäßigen Nomenklatur.

Das Beispiel der Variabilität des Körperlängenverlaufs im Schulalter zeigt, daß zwischen einer Phaseneinteilung des Wachstumsalters von ganzheitlicher Sicht und einer Phaseneinteilung nach dem Verlauf der Körpermaße, wie sie im Individualfall objektiv festzustellen sind, unterschieden werden muß. Z. B. ist bei jedem Kind die Pubertätsphase blickmäßig vom vorangehenden Abschnitt des Schulalters zu unterscheiden, den man z. B. nach STRATZ als das „neutrale Schulkindwachstum" bezeichnen könnte. Ferner sprechen die geschilderten Befunde durchaus dafür, daß von ganzheitlicher Sicht auch noch eine „präpuberale Hemmungsphase" heraushebbar ist. Das vergleichende Studium der individuellen Längenverläufe des Schulalters zeigt jedoch, daß die Kinder in verschiedene Gruppen mit einer unterschiedlichen Anzahl von Phasen eingeteilt werden können. Es gibt „einphasige Längenverläufe", bei denen bis zum Wachstumsauslauf T weder eine präpuberale Längenhemmung noch ein puberaler Längenschub sichtbar ist. Bei den „zweiphasigen" tritt nur der puberale Längenschub in Erscheinung, und die „dreiphasigen" haben dazu noch eine präpuberale Längenhemmung. Mehr als 3 Phasen werden normalerweise nicht beobachtet. Nur in seltenen Fällen erscheint ein Zerfall in 4 Phasen, indem die Längenrate, die eigentlich zur Phase des Kleinkindalters gehört, erst in den ersten beiden Schuljahren zur „normalen" Wachstumsgeschwindigkeit des „neutralen Schulkindwachstums" gesenkt wird. In den ersten 6 Lebensjahren ist die Situation eine weitgehend ähnliche, wenn auch nicht ganz so extreme.

Um eine sehr umständliche umschreibende Ausdrucksweise zu vermeiden, muß ich schon jetzt die zweckmäßige besondere Nomenklatur für die Beschreibung des bei den Individualverläufen sichtbaren verschiedenen Phasenzerfalls des Körperlängen- und Körperfülleverlaufs einführen. Diese Nomenklatur hat zunächst noch nichts mit einer ganzheitlichen Einteilung des Wachstumsalters in Phasen zu tun. Das empirische Studium der individuellen intra- und interpersonellen Wachstumsvariabilität soll zunächst eine möglichst vollständige Übersicht über alle vorkommenden Fälle eines Phasenzerfalls liefern. Ein zweites Problem ist sodann, wie die Ergebnisse mit den Konzeptionen einer Einteilung des Wachstumsalters von ganzheitlicher Sicht zusammenpassen.

Die Möglichkeit, eine brauchbare Nomenklatur für den individuell verschiedenen Zerfall des Körperlängen- und Körperfülleverlaufs in Phasen zu schaffen, beruht darauf, daß der Körperlängenverlauf maximal nur in 5 Phasen und der Körperfülleverlauf maximal nur in 4 Phasen zerfällt. Die individuellen Abartungen bestehen darin, daß eine oder einige dieser Phasen ausfallen können, so daß der Körperlänge- und Körperfülleverlauf im seltenen Mindestfall je für sich somatometrisch nur 2 Phasen zeigen (Säuglingsalter und den Rest des Wachstumsalters). Mittels einer für den größtmöglichen Phasenzerfall geschaffenen Nomenklatur lassen sich dann die übrigen Fälle mit weniger Phasen leicht beschreiben, indem die Verläufe so beschaffen sind, daß dem Anschein nach einige der Phasen ausfallen.

Nomenklatur für die maximale Gliederung des Körperfülleverlaufs in 4 Phasen.

Die 1. Phase wird vom „Säuglingswachstum" (unter Ausschluß des 1. Trimenon oder der ersten beiden Lebensmonate, weil hier die Adaption an das extrauterine Dasein mit seinen vielfältigen Störungen das Wachstum zu erheblich nach allen Richtungen ablenkt und stört) gebildet. Sie ist wachstumsdynamisch dadurch charakterisiert, daß erstens der Körperfüllegradient (Lineargewichtszunahme pro 1 cm Körperlängenzunahme) im Bereich der größten Werte liegt, die im Wachstumsalter erst wieder beim pubertätsbedingten Körperfülleschub angenommen werden. Nimmt man den Wert des Körperfüllegradienten, wie er im Mittel in den ersten 4 Schuljahren besteht, als einen Maßstab für seinen Wert in den anderen Wachstumsphasen, dann ist der Körperfüllegradient im Säuglingsalter im Mittel um 50—60% größer als in den ersten 4 Schuljahren.

Die 2. Phase, die im Mittel ungefähr bis zum 4—5. Lebensjahr reicht, könnte man vielleicht als das „eigentliche Kleinkindalter (DOXIADES)" bezeichnen. In genannter Studie zum Längenwachstum („Wachstumsdynamische Beobachtungen ...") erschien es mir jedoch passender, für sie die Benennung „Intermediärwachstum" zu verwenden, weil diese Bezeichnung nicht mehr besagt, als somatometrisch objektiv feststellbar ist. In dieser Phase hat der Körperfüllegradient im Mittel den kleinsten Wert, den er überhaupt im Wachstumsalter annimmt. Sein Wert liegt im Mittel um 35—45% unter dem der ersten 4 Schuljahre.

Für die anschließende 3. Phase verwende ich die ebenfalls neutrale Bezeichnung „Latenzwachstum". Sie soll nur zum Ausdruck bringen, daß bis zum ersten Anlauf der individuellen pubertätsbedingten Wachstumsänderungen (wozu ich die präpuberale Längenhemmung rechne) die Wachstumsverläufe von Gewicht und Länge im allgemeinen ruhig bleiben. Im Indikatordiagramm erscheint diese Phase als horizontaler oder fast horizontaler Kurvenverlauf (vgl. Abb. 20).

Als 4. Phase erscheint der „pubertätsbedingte Körperfülleschub" als erneute starke Erhöhung der Werte des Körperfüllegradienten. Für die Trennpunkte zwischen diesen 4 Phasen werden die Buchstaben *E*, *F* und *G* eingeführt (vgl. Abb. 20).

Nomenklatur für den maximalen Zerfall des Körperlängenverlaufs in 5 Phasen.

Die 1. Phase bildet wieder das Säuglingswachstum. Die Wachstumsgeschwindigkeit der Körperlänge hat hier den größten Wert vom ganzen Wachstumsalter, indem sie, auf eine jährliche Zunahme umgerechnet, einer Längenrate von 15—25 cm/J. entspricht. Die 2. Phase reicht im Mittel bis zum 4.—5. Lebensjahr und wird ebenfalls Intermediärwachstum genannt. Die Längenrate hat in dieser Phase einen Wert von ungefähr 9—12 cm/J. Als 3. Phase folgt das Latenzwachstum, mit einem im Indikatordiagramm praktisch horizontalen Kurvenverlauf, der eine Längenrate von 5,5—6,5 cm/J. bedeutet. Die 4. Phase bildet die präpuberale Längenhemmung und die 5. Phase der puberale Längenschub. Für die 4 Trennpunkte zwischen den 5 Phasen werden die Buchstaben *P*, *Q*, *R* und *S* verwendet. In Abb.

20 ist nur für die Knaben die maximale Phaseneinteilung des Längenwachstums mit präpuberaler und puberaler Phase angegeben. Man sieht sofort, daß die vollständige Übertragung auf die Mädchen beim mittleren Längenverlauf nicht geht, weil bei den Mädchen eine ausgeprägte präpuberale Längenhemmung so selten ist, daß sie den Mittelwertverlauf nicht mehr beeinflußt.

Da im Anlaufstadium des Pubertätsgeschehens der Körperfülleverlauf nur einen kritischen Punkt *G* und der Längenverlauf zwei kritische Punkte *R* und *S* hat, halte ich es für zweckmäßig, den Ausdruck „Bereich des Pubertätsgeschehens" als einen Oberbegriff einzuführen, der alle Wachstumserscheinungen umfaßt, die noch genauer in präpuberale und puberale unterteilt werden könnten, wenn die Sachlage dem Pädiater klar genug erscheint.

Das biologisch eigentliche Indizium dafür, daß die geschilderten maximalen Phaseneinteilungen mehr als rein deskriptiv formale sind und daß ihnen höchstwahrscheinlich auch ein wachstumsbiologischer Hintergrund entspricht, wird durch die nur bei Individualverläufen feststellbare Erscheinung gegeben, daß der Beginn einer neuen Phase individuell so häufig ausgesprochen knickartig erfolgt. Ein knickartiger Wachstumsumschwung kann nur die naheliegende Deutung erfahren, daß in der Wachstumssteuerung relativ plötzlich starke negative oder positive, d. h. unter- oder überfunktionelle Wachstumsimpulse ausgelöst werden. Da nun Impulse bestimmter Wirkung gehäuft an bestimmten Wachstumspunkten (z. B. im Beginn des Kleinkindalters, im 4. Lebensjahr usw.) auftreten, so kann weiter geschlossen werden, daß in diesen „kritischen" Wachstumspunkten normalerweise Umstellungen im Gefüge der Wachstumssteuerung stattfinden, die bei Über- oder Unterfunktion die markanten Wachstumsknicke nach sich ziehen.

Da nun bei den Individualverläufen einige der Wachstumsknicke ausfallen können, so ist der Gebrauch der Ausdrücke Säuglings-, Intermediär-, Latenzwachstum, präpuberale Hemmung und puberaler Schub dahin festzulegen, daß sie weiter nichts als ein bestimmtes Wachstumsverhalten charakterisieren, unabhängig davon, was nach irgend einer biologischen ganzheitlichen Theorie über den Wachstumsablauf in dem bestimmten Wachstumsabschnitt passieren sollte. Wenn z. B. wie bei den Mädchen der Abb. 1 die präpuberale Längenhemmung und der puberale Längenschub ausfällt, so ist zu sagen, daß die Verhaltensweise des Latenzwachstums, oder kürzer, das Latenszwachstum bis zum Wachstumsauslauf beibehalten wird. Fällt, wie bei den Kindern der Abb. 2 u. 3 die präpuberale Längenhemmung aus, dann geht das Latenzwachstum unmittelbar in den puberalen Längenschub über. Beginnt nach dem Säuglingsalter unmittelbar eine Längenrate von 6 cm, die bis zum Beginn der präpuberalen Längenhemmung oder des puberalen

Längenschubes beibehalten wird, dann ist zu sagen, daß das Intermediärwachstum mit seiner für ihn charakteristischen Längenrate von 9—12 cm ausgefallen ist und nach dem Säuglingsalter bereits das typische Verhalten des Latenzwachstums mit der dafür „normalen" Rate von 6 cm eingesetzt hat, usw.

38. Schilderung der Wachstumsvariabilität der ersten 6 Lebensjahre nach Individualverläufen. Asynchrones Verhalten des Körperlängen- und Körperfülleverlaufs.

Um zu zeigen, daß der Übergang vom Säuglings- zum Kleinkindalter und das 4.—5. Lebensjahr die Bezeichnung „kritische Wachstumspunkte" zu Recht verdienen, dürfte es genügen, an einigen ausgesuchten Fällen unseres von CHARLOTTE SCHOLZ erstellten Berliner Beobachtungsgutes (165 Kinder) zu zeigen, welch verschiedene Wachstumsverläufe durch die Wachstumsvariabilität in den ersten beiden kritischen Punkten des Wachstumsalters zustande kommen können. Da die hierbei zu Tage tretende Variabilität ebensowenig rein zufällig ist, wie die im Bereich des Reifungsgeschehens, sondern ein System enthält, so braucht man nur wie beim Reifungsgeschehen das Prinzip dieses Systems zu erkennen, um die benötigte Übersicht zu erhalten. Damit ist dann die vollständige Unterlage dafür gewonnen, um die nur für das Schulalter erhobenen Wachstumsverläufe von Körperfülle und -länge daraufhin beurteilen zu können, ob ein aus dem Rahmen des „Normalen" fallender Wachstumsverlauf weiter nichts als eine zwangsläufige Fortsetzung abwegigen Wachstumsverhaltens in den ersten 6 Lebensjahren sein könnte, ohne daß ein im Zeitpunkt der Untersuchung aktiver pathologischer Prozeß symptomatisch den Wachstumsablauf stört.

Unser Beobachtungsgut stammt aus der Säuglings- und Kleinkinder- sowie Schulgesundheitsfürsorge von Neukölln zu Berlin (West) [1]. Ein großer Teil der Wachstumsverläufe reicht bis zum 9. Lebensjahr und noch weiter.

Es sei noch bemerkt, daß wir nur Messungen verwenden, bei denen zugleich Gewicht und Länge festgestellt wurde. Wenn die folgenden Beispiele beim Körperfülleverlauf zufällige durch Meßfehler und kleine biologische Schwankungen verursachte kleine Zacken zeigen und die Längenkurve trotzdem zugleich glatt und teilweise geradlinig verläuft, so ist dennoch die Körperlänge gemessen und eingetragen worden.

Die Individualverläufe werden im jetzt benutzten Indikatordiagramm wiedergegeben, damit der blickmäßige Anschluß an die Indikatordiagramme des Schulalters herstellbar ist. Diese Darstellung hat lediglich den Nachteil, daß bei der Körperlänge die Wachstumsknicke im Beginn des Kleinkindalters nicht deutlich genug zu sehen sind. Dies rührt daher, daß der jetzt verwendete Indikator *K* für die Jahresrate 5,7 cm einen

---

[1]) Herrn Amtsarzt Obermedizinalrat (a. D.) Dr. med. W. BRANDT sind wir für sein Entgegenkommen betreffs Erstellung des Beobachtungsgutes zu Dank verpflichtet.

horizontalen Verlauf liefert und für die Jahresrate von rund 10 cm, die von 2–4 J. dominant ist, im Winkel von rund 45° ansteigt. Um die Längenknicke im Beginn des Kleinkindalters deutlich zu sehen, muß wie in der zitierten Studie ein Indikator verwendet werden, der für die Jahresrate 10 cm einen horizontalen Kurvenverlauf liefert. Für die Untersuchung des Schulkindwachstums ist jedoch der im Alter 4–5 J. liegende Wachstumsknick *Q* (der Beginn des Latenzwachstums) die nächstliegende wichtigste Wachstumsunstetigkeit in der Umgebung des 6. Lebensjahres. Diese kommt jedoch beim jetzt verwendeten Indikator *K* durch das Umbiegen von einem unter rund 45° ansteigenden in den horizontalen Kurvenverlauf genügend deutlich heraus. Wegen der starken Änderung der generellen Wachstumsgeschwindigkeit vom Säuglings- bis zum Schulkindalter ist es nicht möglich, ein Indikatordiagramm herzustellen, das von der Geburt bis zur Reife alle Wachstumsknicke mit gleicher Deutlichkeit wiedergibt.

Abb. 21 zeigt den Wachstumsverlauf eines Knaben, den man wegen der annähernden Übereinstimmung mit der Abb. 20 als einen „normalen" bezeichnen könnte. Der Indikator *I* für den Körperfülleverlauf geht bei der Körperlänge 80 cm bzw. im Alter 1 J. durch ein Maximum *E* hindurch, fällt bis zum 6. Lebensjahr ab und biegt beim Punkt *F* in den horizontalen Verlauf in Höhe der Nullinie ein. Der Indikator *K* für den Körperlängenverlauf steigt bis zum Alter 4 J. relativ steil an. Dieser Anstieg entspricht einer Wachstumsgeschwindigkeit von 9,1 cm pro Jahr. Im Punkt *Q* bzw. beim Alter 4 J. erfolgt knickartig die Senkung auf die Jahresrate 5,7 cm des Latenzwachstums, was durch den horizontalen Verlauf angezeigt wird, der ebenfalls längs der Nullinie erfolgt. Im

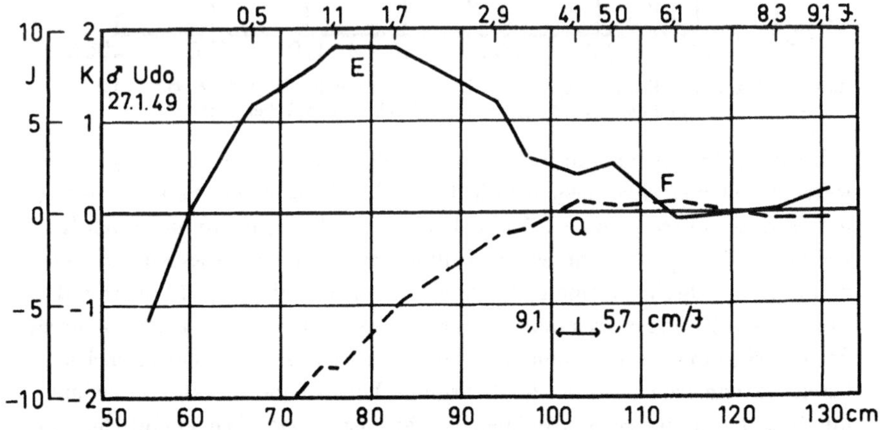

Abb. 21: Vollständiges Indikatordiagramm eines vom Säuglingsalter bis zum Alter 9,1 J. beobachteten Individualverlaufs. Der abfallende Teil *(EF)* der Kurve des Indikators *I* wird von mir das „Intermediärwachstum der Körperfülle" genannt und der an *F* anschließende horizontale Verlauf das „Latenzwachstum der Körperfülle". Der vom Alter von rund einem Jahr bis zum Punkt *Q* ansteigende Teil der Kurve des Indikators *K* heißt „Intermediärwachstum der Körperlänge" und der daran anschließende horizontale Verlaufsteil das „Latenzwachstum der Körperlänge". Bei diesem Knaben ist somit die Intermediärphase der Körperfülle im Punkt *F* beim Alter 6,1 J. beendet und die der Körperlänge beim Punkt *Q* im Alter 4,1 J.

Alter 6,1 J. hat der Knabe somit eine Istlänge und ein Istgewicht, die praktisch mit den Mittelwerten aus der Durchschnittsbevölkerung übereinstimmen.

In Abb. 22 ist eine leichte Variante dieses Wachstumsablaufs zu sehen. Der Umschwung *F* des Körperfülleverlaufs tritt deutlich vor dem Alter 4,1 J. auf. Dann beginnt ein horizontaler Verlaufstrend der Indikatorkurve mit zu vernachlässigender geringer Unterfülle. Der Indikator *K* für die Körperlänge steigt jedoch bis zum Wert + 1 im Alter 4,5 J. an und geht dann knickartig in den horizontalen Verlauf über. Bei der Lernanfängeruntersuchung liegt die Istlänge rund 5 cm über dem Durchschnittswert, so daß der Knabe mit dem „Längenalter" um rund 1 Jahr gegenüber dem Durchschnitt voraus ist. Bei diesem Beispiel liegen die beiden kritischen Punkte *F* und *Q* zusammen im 5. Lebensjahr, so daß das Latenzwachstum eindeutig im 5. Lebensjahr beginnt.

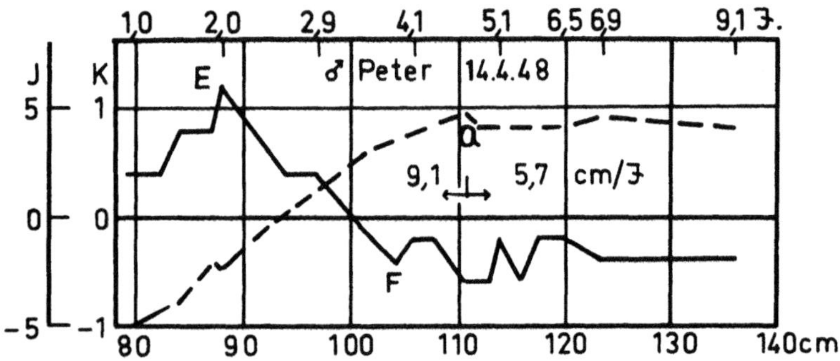

Abb. 22: Bei diesem Knaben beginnt das Latenzwachstum der Körperfülle beim Punkt *F* im 4. und das der Körperlänge beim Punkt *Q* im 5. Lebensjahr.

Die Abb. 23 scheint praktisch denselben Verlauf wie Abb. 21 zu zeigen. Der wesentliche Unterschied liegt jedoch darin, daß die beiden kritischen Punkte *Q* und *F* einwandfrei im Alter 2,5 J., d. h. extrem früh liegen. Da die beiden Kurven vom Alter 3 J. ab dicht bei der Nullinie verlaufen, hat dieses Kind als Lernanfänger praktisch „normale" Werte von Gewicht und Länge. Man sieht, daß trotz dieses Befundes dynamisch morphologisch der Befund einer speziellen Frühentwicklung in dem Sinne zu konstatieren ist, daß das Latenzwachstum bereits extrem früh im Alter 2,5 J. beginnt. Dieses Kind ist ferner keine Stütze für die Behauptung eines absoluten Synchronismus zwischen somatischer und psychischer Entwicklung. Der psychische Entwicklungsstand hätte danach im Alter 2,5 J. gleich dem eines 5jährigen Kindes sein müssen, was nach allgemeiner klinischer Erfahrung kaum möglich ist.

Beim Mädchen Carmen der Abb. 24 ist hingegen ein wesentlich asynchroner Verlauf von Längen- und Körperfüllewachstum vorhanden. Der Körperfülleverlauf zeigt im 2. Lebensjahr bei *E* ein Maximum und fällt dann kontinuierlich

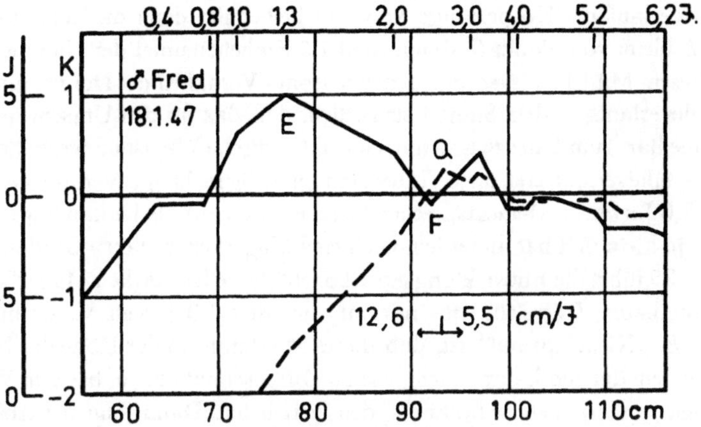

Abb. 23: Bei diesem Knaben liegt der Beginn des Latenzwachstums der Körperlänge *(Q)* einwandfrei extrem früh im 3. Lebensjahr, bezüglich der Körperfülle *(F)* sicher vor dem 4. Lebensjahr.

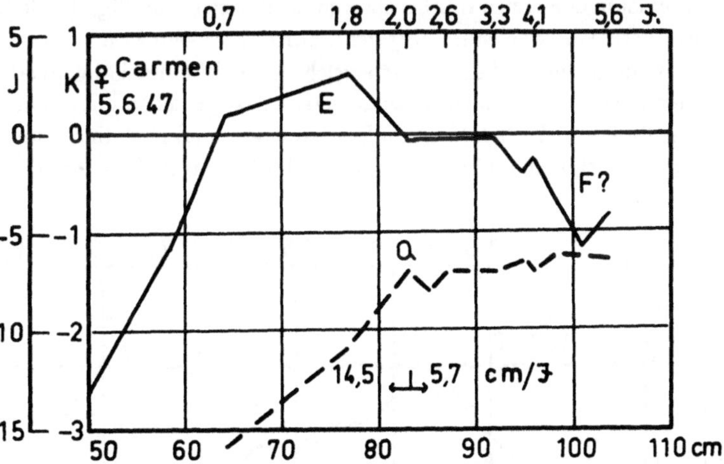

Abb. 24: Stark asynchrones Wachstum: Im Alter 2,0 J. liegt der Beginn *Q* des Latenzwachstums der Körperlänge mit der für das Schulkindalter normalen Jahresrate 5,7 cm/J, die Intermediärphase *(EF)* der Körperfülle reicht wenigstens bis zum 5. Lebensjahr.

bis zum Alter 5,6 J. ab. Der kritische Punkt *F* des Körperfülleverlaufs liegt eindeutig nicht vor dem 6. Lebensjahr. Die Körperlänge hingegen zeigt bereits im Alter 2,0 J. den Knick *Q* zum horizontalen Verlauf mit der Rate 5,7 cm/J. Dieser Knick erfolgt so früh, daß dadurch das Kind mit seiner Länge um rund 7 cm gegenüber dem Durchschnitt zurückbleibt und diesen Abstand vom Mittelwertverlauf der Körperlänge konstant beibehält; denn die Indikatorkurve von *K* bleibt vom Punkt *Q* ab um rund 1,5 Einheiten unter der Nullinie liegen. Bei diesem Mädchen ist somit ein asynchrones Verhalten des Längen- und Körperfülleverlaufs in dem Sinne festzustellen, daß das für den Umschwung vom Intermediär- zum Latenzwachstum charakteristische Wachstumsverhalten beim Körperfülleverlauf erst im 6. Lebensjahr und beim Längenverlauf bereits im Alter 2,0 J. eintritt. Dementsprechend ist das Mädchen als Lernanfänger bereits auffällig klein und hat außerdem noch eine Magerkeit mittleren Grades.

Abb. 25 führt die Entwicklung einer konstitutionellen starken Magerkeit vor. Der Indikator *I* erreicht wie „normal“ im Alter 1,3 J. sein Maximum beim Punkt *E*. „Nicht normal“ ist, daß dieses Maximum in der Höhe der Nullinie liegt, indem der Indikator *I* nicht, wie im Durchschnitt üblich, bis zum Wert +5 ansteigt, sondern beim Maximum den Wert 0 hat. Dann folgt der Abfall *EF* des Intermediärwachstums. Dieser dauert wie beim Kind der Abb. 21 relativ lange und führt dazu, daß sich der Indikator *I* bis auf den Wert −10 senkt. Ein Vergleich mit den Abb. 16 u. 17 zeigt sofort, daß dann das Kind als Lernanfänger zu denjenigen mit bereits „extrem kleiner“ Körperfülle gehört. Der Längenverlauf ist in den ersten 6 Lebensjahren nicht weiter auffällig, da die Jahresrate des Intermediärwachstums *PQ* den „normalen“ Wert von 10,6 cm/J. hat und die Nullinie im 5. Lebensjahr erreicht wird. Wie der Längenverlauf im Schulalter weitergeht, ist nicht abschätzbar. Es ist genau so gut möglich, daß eine hohe Rate von 7 cm/J. beibehalten wird oder daß noch im 7. oder 8. Lebensjahr ein Absinken auf den Wert von rund 5,5—6,0 cm/J. stattfindet.

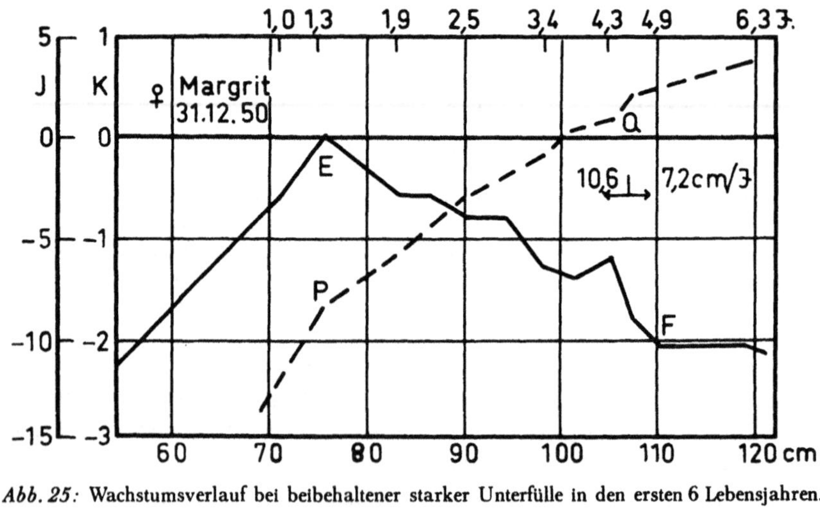

Abb. 25: Wachstumsverlauf bei beibehaltener starker Unterfülle in den ersten 6 Lebensjahren.

Als Ergänzung hierzu bringt Abb. 26 ein Mädchen, bei dem das Absinken der Rate auf rund 6 cm nicht stattfindet und das demzufolge im Alter 10 J. dann zu denjenigen gehört, die üblicherweise als „extrem längenacceleriert" angesprochen werden. Der Längenverlauf ist weiterhin dadurch auffällig, daß der Beginn *Q* des Latenzwachstums etwas früh im Alter 3,0 J. erfolgt und daß das davorliegende Intermediärwachstum mit der sehr hohen Rate 13,4 cm/J. verläuft. Dadurch wird erreicht, daß das Mädchen im Alter 3,0 J. bereits um rund 7 cm über der durchschnittlichen Körperlänge liegt.

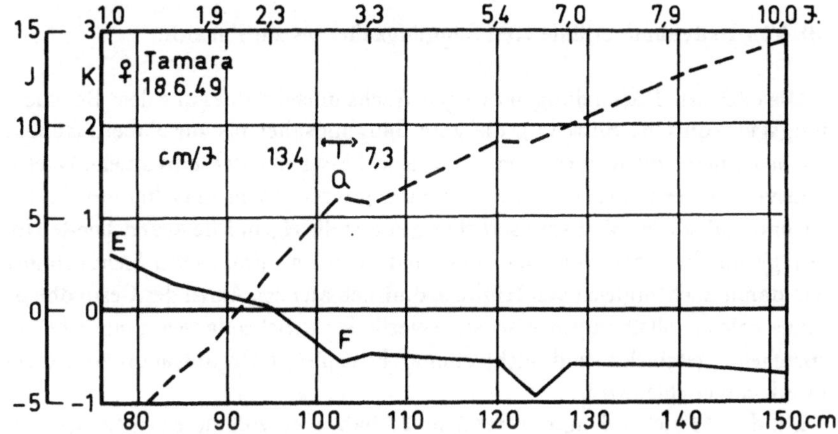

Abb. 26: Beginn des Latenzwachstums von Körperfülle *(F)* und Körperlänge *(Q)* im Alter 3,0 J. Vom Alter 1,0 bis zum Alter 10,0 J stark überdurchschnittlich große Längenrate, so daß das Mädchen mit 10 Jahren zu den größten dieses Alters gehört.

Beim Punkt *Q* hat der Indikator *K* den Wert 1,2, während nach Abb. 20 die mittlere Körperlänge im Alter 3,0 J. den Indikatorwert –0,2, besitzt. Der Unterschied der beiden Indikatorwerte um 1,4 Einheiten entspricht größenordnungsmäßig einem Wert von rund 7 cm bei der absoluten Körperlänge. (Die Umrechnung auf absolute Körpermaße geht unmittelbar mit der Tab. 1 u. 2 zu bewerkstelligen).

Nach dem kritischen Punkt *Q* fällt die Wachstumsgeschwindigkeit nur bis zum Trendwert 7,3 cm/J. des Latenzwachstums ab. Die relative Geradlinigkeit der Kurve zeigt, daß diese Jahresrate von 3 bis 10 J. praktisch konstant beibehalten wird. Gegenüber der „normalen" Rate des Latenzwachstums von 5,7 cm ist also die individuelle Rate um 1,7 cm erhöht. Im Verlaufe von 7 Jahren hat dieser Unterschied eine so starke Auswirkung auf die erreichte Körperlänge, daß dadurch das Kind mit seiner Länge um weitere 7.1,7 = 12 cm über dem Durchschnittswert ansteigt. Der Indikator *K* hat dann einen Wert von + 3 und der Vergleich mit Abb. 1 und 2 läßt erkennen, daß dann das Mädchen zu den größten dieser Altersstufe gehört. Dieses Beispiel zeigt überdies deutlich, wie geringe absolute Unterschiede zwischen Jahresraten, wenn sie lange genug wirken, die querschnittsmäßigen großen Wachstumsunterschiede zwischen den Kindern vollkommen erklären. Dies ist u. a. ein instruktiver Beleg dafür, daß es wirklich notwendig ist, so genau auf die absoluten Wachstumsgeschwindigkeiten der Körpermaße im Individualfall einzugehen, wie durch das Indikatordiagramm nur erreichbar ist.

39. Vier Individualverläufe vom Säuglingsalter bis zur Pubertät.

Die nächsten 4 Abbildungen bringen Wachstumsverläufe (aus dem Beobachtungsgut von Ch. Scholz), die vom Säuglingsalter bis zur Pubertätsphase reichen. Diese sollen vorführen, um wieviel besser sich der individuelle Wachstumsverlauf beurteilen läßt, wenn er vom ganzen Wachstumsalter vorhanden ist und daß solche Wachstumserhebungen erst die eigentliche ausreichende Unterlage für die Wachstumsforschung sind. Von rein praktischer Sicht bringen wir damit auch zugleich den Hinweis, daß sich aus den Akten der Gesundheitsämter solche vollständigen Wachstumsverläufe ausziehen lassen, wenn eine entsprechend geschickte und nicht einmal kostspielige Organisation zu diesem Zweck eingerichtet wird.

Mit dem Mädchen Dagmar der Abb. 27 haben wir zufällig einen Längenverlauf des weiblichen Geschlechts erlangt, bei dem bis zur Menarche im Alter 13,8 J. weder eine merkbare präpuberale Längenhemmung noch ein puberaler Längenschub auftritt. Im übrigen ist der Wachstumsverlauf relativ oder auch vollkommen „normal". Das Latenzwachstum beginnt einwandfrei im Alter 3 J. Da die Längenhemmung und der Längenschub im Bereich des Pubertätsgesche-

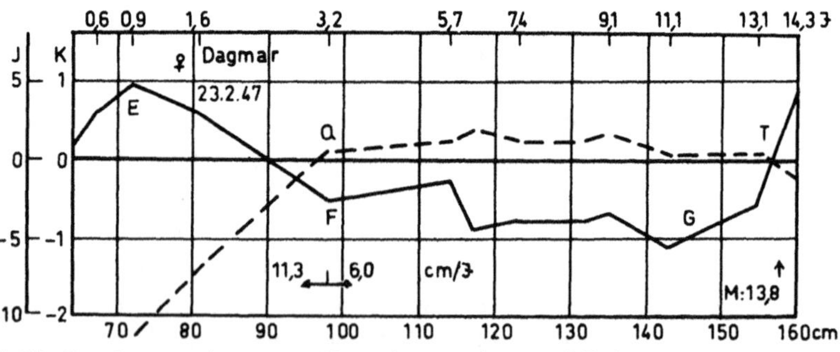

Abb. 27: Das Latenzwachstum von Körperlänge und Körperfülle beginnt im Alter 3,2 J. Bis zum Wachstumsauslauf *(T)* tritt weder eine präpuberale Längenhemmung noch ein puberaler Längenschub auf. Körperfülleverlauf unauffällig.

hens fortfällt, geht das kurvenmäßige charakteristische Erscheinungsbild des Latenzwachstums (d. i. horizontaler, paralleler und praktisch geradliniger Verlauf beider Indikatorkurven) bis zum 13. Lebensjahr durch. Von klinischer Sicht kann natürlich das Latenzwachstum, wenn es eine biologische Phase des Gesamtwachstums bedeuten soll, nicht bis zur Menarche dauern, weil schon vorher die Pubertätsphase mit der Entwicklung der sekundären Geschlechtsmerkmale eintritt. Dies ist ein Musterbeispiel dafür, daß das Wachstum wirklich von mehreren Faktoren abhängt, die nicht absolut synchron und jedesmal in gleich charakteristischer Weise die für den erreichten Entwicklungsstand kennzeichnenden Merkmale herausbringen. In diesem Beispiel läßt z. B. die nach dem Längen- und Gewichtsverlauf somatometrisch erfaßbare wachstumsdynamische Seite des Wachstumsgeschehens vom 4. Lebensjahr ab bis zur Reife nicht die geringste weitere Phaseneinteilung erkennen.

Das Mädchen in Abb. 28 ist ein Beispiel für die Möglichkeit, daß beim Körperfülleverlauf der pubertätsbedingte Körperfülleschub fast unmittelbar an die Beendigung der Intermediärphase des Körperfülleverlaufs anschließen kann. Sowohl nach dem Längen- wie nach dem Körperfülleverlauf reicht das Intermediärwachstum bis zum 6. Lebensjahr. Beim Längenverlauf ist beim Punkt *S* im 10. Lebensjahr der Beginn des puberalen Längenschubes zu sehen, ohne daß vorher eine präpuberale Längenhemmung eintrat. Nach der Entwicklung der sekundären Geschlechtsmerkmale steht das Mädchen im Alter 12,5 J. kurz vor der Menarche (Pub I/II). Damit ist gesichert, daß der stärkere Kurvenanstieg im Punkt *S* wirklich den pubertätsbedingten Längenschub bedeutet. Da der puberale Körperfülleschub im allgemeinen 1–2 Jahre vor dem Beginn des puberalen Längenschubes einsetzt, so kann

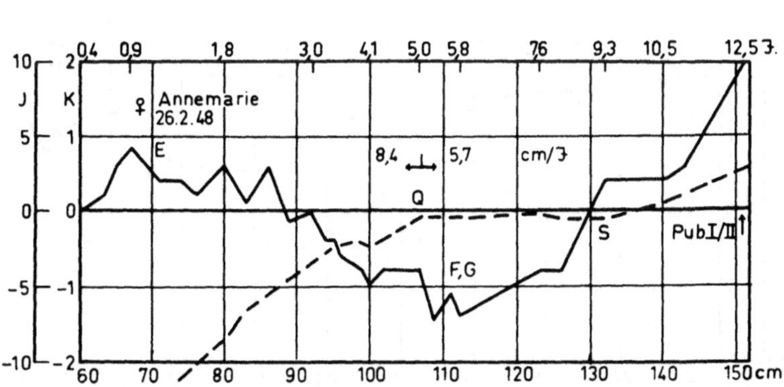

Abb. 28: Das Intermediärwachstum von Körperlänge und Körperfülle reicht bis zum 6. Lebensjahr. Das Latenzwachstum der Körperlänge geht bis zum Punkt *S*, worauf unmittelbar der puberale Längenschub beginnt. Beim Körperfülleverlauf ist kein horizontales Zwischenstück eines Latenzwachstums sichtbar sondern es folgt unmittelbar der Anstieg zum puberalen Körperfülleschub.

in der Tat bei einem früh puberierenden Mädchen der Körperfülleschub bereits im 7.—8. Lebensjahr beginnen. Dies ist offenbar bei diesem Mädchen der Fall. Deshalb ist bei diesem Mädchen so gut wie nichts von einer Latenzphase des Körperfülleverlaufs wahrzunehmen, weil der Beginn *G* des puberalen Körperfülleschubes fast unmittelbar (d. h. höchstens in einem Abstand von 1—2 Jahren) auf den Endpunkt *F* der Intermediärphase folgt.

Auf diesem Wege entsteht das Bild eines Minimums des Körperfülleverlaufs im 6. Lebensjahr, das eine gewisse Ähnlichkeit mit dem Bild eines Gewichtsdefizits hat, wie es auch durch Hinzukommen einer längeren Krankheit hervorgerufen sein kann. Wenn das Kind als klinisch gesund beurteilt werden muß, kann es sich nur um eine konstitutionell bedingte Sonderform des Körperfülleverlaufs handeln. Wenn diese Verlaufsform der Körperfülle im extremen seltenen Fall dazu führt, daß das Minimum (*FG*) in die ersten 4 Schuljahre fällt, können die in **42** besprochenen Individualverläufe der Abb. 33—35 entstehen.

Man sieht an diesem Beispiel, wie wichtig es ist, *Wachstumsverläufe über das gesamte Wachstumsalter* zu erheben, damit man bei alleinigem Studium des Schulkindwachstums nicht auf abwegige Deutungen verfällt.

Beim Knaben der Abb. 29 ist der Körperfülleverlauf unauffällig. Im Unterschied zum Körperfülleverlauf des soeben besprochenen Mädchens wäre nur hervorzuheben, wie ausgeprägt die Latenzphase *FG* der Körperfülle andererseits in Erscheinung treten kann. Bei diesem Knaben ist der Längenverlauf das Interessante. Bis zum Alter 4,6 Jahre, in dem ebenfalls der kritische Punkt *F* des Körperfülleverlaufs liegt, verläuft die Länge mit der Rate 9,5 cm/J. Im Vergleich zur Abb. 20 liegt die Länge beim Punkt Q_1 ungefähr 4—5 cm über dem Durchschnittswert. Dann folgt eine Senkung der Längenrate um zunächst nur 2,5 cm,

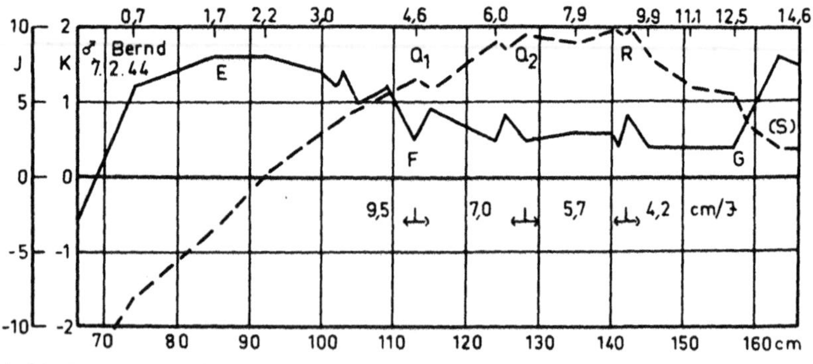

Abb. 29: **Im Unterschied zum vorangehenden Beispiel ist bei diesem Knaben das Latenzwachstum *(FG)* der Körperfülle ausgeprägt. Der Längenverlauf hingegen zeigt von Q_1 bis Q_2 eine Verzögerung des Überganges in die normale Wachstumsgeschwindigkeit 5,7 cm/J des Latenzwachstums. Im Punkt *R* beginnt eine starke präpuberale Längenhemmung.**

so daß sie auf dem Wert 7,0 cm/J. stehen bleibt. Dieser Wert wird 2,5 Jahre lang als Trendwert des Längenwachstums beibehalten und erst beim Punkt Q_2, nachdem die Istlänge den Wert 128 cm erreicht hat, findet die endgültige Senkung auf die „normale“ Rate 5,7 cm des Latenzwachstums statt.

Diese Erscheinung, daß der in einem kritischen Punkt eingeleitete Wachstumsumschwung sozusagen eine Zeit lang auf halbem Wege stecken bleibt, ist relativ selten. Nach meiner Schätzung kann damit gerechnet werden, daß man unter 100 Kindern 1—2 Fälle davon findet, die genügend stark ausgeprägt sind, so daß eine Erklärung durch zufällige Meßfehler nicht in Frage kommt.

Im vorliegenden Fall führt diese Erscheinung dazu, daß sich der Abstand der Istlänge vom Mittelwert soweit vergrößert, daß der Wert 2,0 des Indikators *K*, d. h. eine Übergröße von rund 12 cm erreicht wird. Der Knabe zählt daher während der Latenzphase Q_2R der Körperlänge zu denjenigen, die üblicherweise als (extrem) längenacceleriert bezeichnet werden. Dann setzt jedoch im Punkt *R* eine der großen präpuberalen Längenhemmungen ein, indem die Längenrate auf den Wert 4,2 cm/J. absinkt, der rund 5 J. lang beibehalten wird. Damit wird der gesamte bis zum 10. Lebensjahr erreichte Längenvorsprung wieder rückgängig gemacht. Im Vergleich zu Abb. 20 ist festzustellen, daß der Wert 0,4 des Indikators *K* für das Alter 14 J. eine mit dem Durchschnittswert praktisch übereinstimmende Istlänge anzeigt.

Dieses Beispiel zeigt deutlich, daß in den ersten 4 Schuljahren die im Zeitpunkt der Untersuchung gestellte Diagnose einer „Längenacceleration“ (oder auch -retardation) im Prinzip lediglich eine Bewertung des bis dahin stattgefundenen gesamten Wachstumsverlaufs und keine sichere Voraussage für den weiteren Wachstumsablauf darstellt. Durch die Wachstumsänderungen im Bereich des Pubertätsgeschehens kann sich alles noch weitgehend ändern.

Schließlich bringt Abb. 30 den Wachstumsverlauf eines Mädchens, dessen Längenverlauf ungefähr mit dem des vorstehend besprochenen Knaben übereinstimmt. Der Körperfülleverlauf läßt jedoch keinen Abfall eines Intermediärwachstums erkennen, sondern bleibt vom Alter 1 J. ab praktisch in gleicher Höhe zur Nullinie des Indikatordiagramms liegen. Dieses Verhalten der Körperfülle ist ausgesprochen selten und geht wahrscheinlich auf eine im frühen Kleinkindalter bestehende Verfettung zurück.

Ich bringe dies Beispiel, weil es Anlaß zu folgender Bemerkung gibt. In der Literatur findet sich u. a. die rein intuitive bisher noch nicht genauer nachgeprüfte Konzeption, daß ein glatter geradliniger Verlauf von Wachstumskurven ein „gesundes“ Wachstum bedeute. Insbesondere wird sie beim Gewichtsansatz im 1. Trimenon zur Anwendung gebracht. Diese intuitive Konzeption entspricht jedoch nicht der Gesetzlichkeit im längsschnittmäßigen Wachstumsablauf, wofür in der Studie „Die Plus- und Minusvariante des Gewichtsansatzes im 1. Tri-

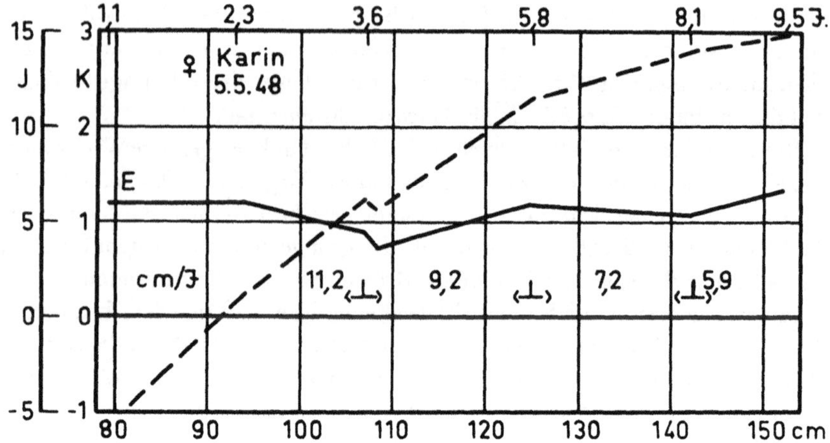

Abb. 30: Dies Mädchen erreicht im Alter 9,5 J. eine Körperlänge, die zu den größten dieser Altersklasse gehört, weil sich die Längenrate außergewöhnlich langsam senkt. Deswegen fällt auch kein bestimmter Knickpunkt als der Übergang *Q* vom Intermediär- zum Latenzwachstum ins Auge. Beim Körperfülleverlauf ist auch nicht der analoge Trennpunkt *F* festlegbar.

menon" bereits Belege angeführt worden sind. Die Sachlage ist vielmehr die, daß beim „gesunden" Wachstumsablauf an bestimmten Wachstumsstellen, kritischen Punkten, aus physiologischen Gründen normalerweise Wachstumsänderungen eintreten und daß in bestimmten Bereichen des Wachstumsalters (Wachstumsphasen) der Kurvenverlauf normalerweise ein glatter, geradliniger ist. Das Ausfallen einer Wachstumsänderung an Stellen, wo sie normalerweise zu erwarten ist und ihr Vorkommen innerhalb von Wachstumsbereichen, in denen bei der Mehrzahl der Kinder ein glatter geradliniger Kurvenverlauf vorhanden ist, sind daher gleicherweise klinisch auffällige Erscheinungen.

Schließlich möchte ich noch bemerken, daß die in den beiden letzten Paragraphen gebrachten Beispiele von mir so ausgewählt wurden, daß sie einen Eindruck von dem Umfang der interpersonellen Wachstumsvariabilität vermitteln. Man sieht, daß das Indikatordiagramm leicht klinisch sehr interessante Wachstumsbesonderheiten erkennen läßt. Zugleich wird man aber auch erfassen, wie schwierig es ist, aus dem Umfang der Wachstumsvariabilität, die nach den verschiedensten Richtungen abweichen kann, dasjenige Wachstumsverhalten zu eruieren, das als „der biologisch normale Ablauf" anzusehen ist. Auch für die ersten 6 Lebensjahre komme ich zum Ergebnis, daß das Herausstellen eines besonderen Wachstumsablaufs als des „biologisch normalen" zur Konsequenz führt, daß dann weniger als die Hälfte aller Kinder einen einwandfrei „normalen" Wachstumsablauf haben.

40. Der Sohn von de Montbeillard (1759–1777). Literaturbeispiel eines Längenverlaufs für das gesamte Wachstumsalter.

In dem jüngst erschienenen Buch von J. M. TANNER „Wachstum und Reifung des Menschen" wird als Abb. 1 das Längenwachstum eines Knaben für das ganze Wachstumsalter vorgeführt. Es handelt sich um den Sohn eines Arztes, der von seinem Vater von der Geburt an bis zum Alter 18 J. jedes halbe Jahr gemessen wurde. TANNER bringt einmal die Wachstumskurve in der üblichen absoluten Darstellung in einem rechtwinkligen Achsenkreuz. An ihr kann der Leser sehen, wie wenig deutlich sie die Wachstumsknicke erkennen läßt. Um eine bessere Einsicht in den Wachstumsverlauf zu bekommen, wurde daher von TANNER noch die Kurve der Jahresraten beigefügt. Dies ist wohlbemerkt eine Kurve, bei der die Länge der Ordinate den absoluten Wert der Jahresrate wiedergibt. An dieser Kurve ist auf den ersten Blick die Gliederung des Längenwachstums in die bereits geschilderten Phasen sichtbar.

Trotzdem das Buch von TANNER auch in deutscher Sprache vorliegt, glaube ich, auf die Wiedergabe der Abb. 1 von TANNER nicht verzichten zu können. Ich bringe in Abb. 31 die Kurve der Körpergröße und der Jahresraten. Abb. 32 zeigt dann den Verlauf des Indikators *K*. Man sieht, daß bei diesem Knaben sämtliche kritischen Punkte des Längenwachstums auftreten.

Das einzig Auffällige ist die Verzögerung beim Wachstumsauslauf *T*, der nicht in einem Zuge durchgeht, sondern ein horizontales Verlaufsstück $T_1 T_2$ mit der Trendrate 5,7 cm/J. einschiebt. Diese Spielart des Wachstumsauslaufs ist sehr selten und im Beobachtungsgut „Deutsche Nachkriegskinder" kann ich sie nur bei 4 Mädchen in gleicher Deutlichkeit sehen. Es ist allerdings zu berücksichtigen, daß wegen der frühen Pubertät der Mädchen in diesem Beobachtungsgut bedeutend mehr vollständige Wachstumsausläufe der Mädchen als der Knaben zur Verfügung stehen.

Dieses Literaturbeispiel eignet sich ausgezeichnet zum Vergleich der Indikatorkurve mit der von Tanner gebrachten Kurve der Wachstumsgeschwindigkeit in Bezug auf die Eingängigkeit der beiden Darstellungsformen. Im Unterschied zu der Kurve der Wachstumsgeschwindigkeit wird bei der Indikatorkurve die Wachstumsgeschwindigkeit nicht an der Ordinatenlänge abgelesen, sondern an der Größe des Winkels, den die Kurve mit der horizontalen x-Achse bildet. Dies ist im Prinzip dasselbe Vorgehen wie beim Lesen der üblichen absoluten Wachstumskurve. Der kleine aber praktisch wesentliche Unterschied liegt nur darin, daß bei der üblichen absoluten Wachstumskurve ein horizontaler Verlauf immer den Wachstumsstillstand bzw. die Wachstumsgeschwindigkeit 0 bedeutet. Bei der Indikatorkurve bedeutet hingegen der horizontale Verlauf stets die Jahresrate 5,7 cm und ein Abfall der Kurve zeigt klei-

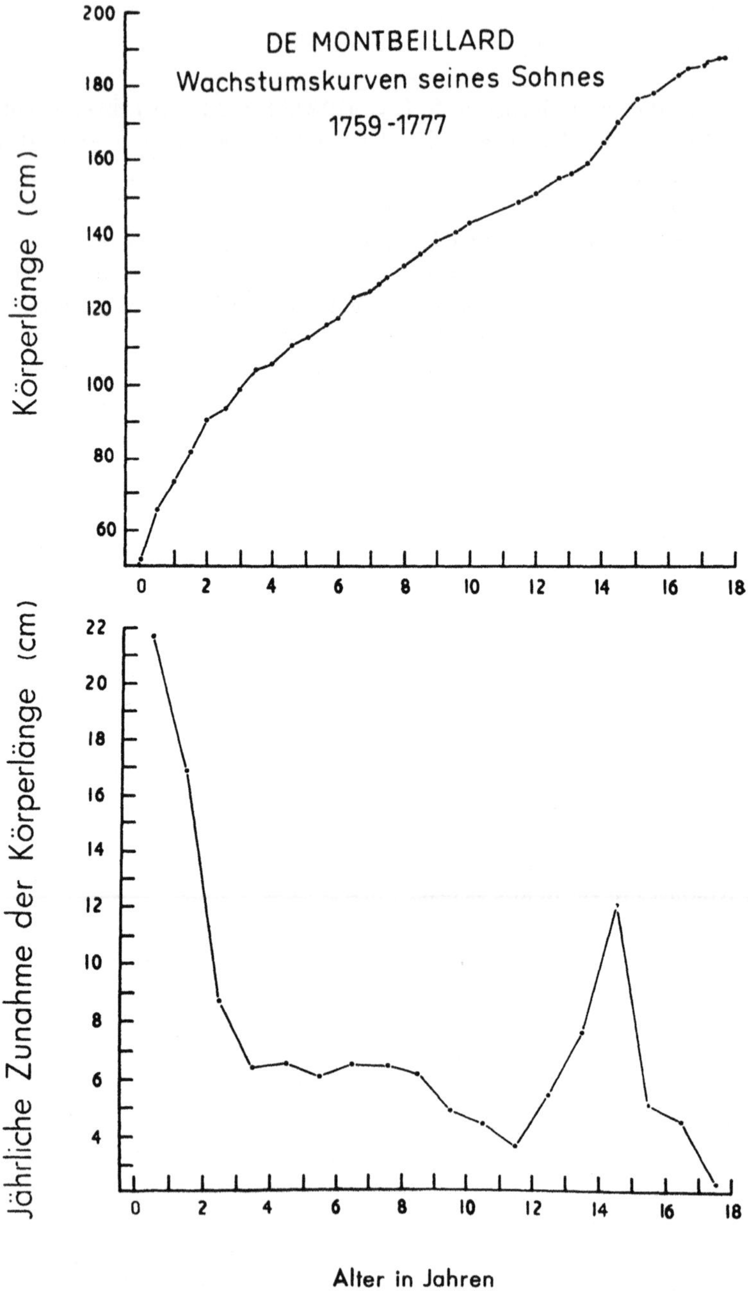
DE MONTBEILLARD
Wachstumskurven seines Sohnes
1759 -1777
Körperlänge (cm)
200
180
160
140
120
100
80
60
0 2 4 6 8 10 12 14 16 18
Jährliche Zunahme der Körperlänge (cm)
22
20
18
16
14
12
10
8
6
4
0 2 4 6 8 10 12 14 16 18
Alter in Jahren

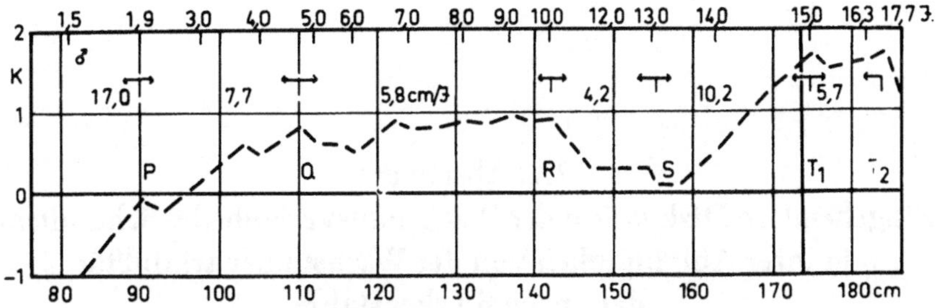

Abb. 32: Der Sohn von DE MONTBEILLARD. Im Vergleich zu Abb. 31 die Phasenaufgliederung des Längenwachstums im Kurvenbild des Indikators *K*.

nere und ein Anstieg größere Werte als 5,7 cm/J. an. Der Maßstab für die Wachstumsgeschwindigkeit ist die Größe des Kurvenwinkels mit der x-Achse, der die Abweichung der individuellen Rate von der fest vorgegebenen Rate 5,7 cm nach gegebener Formel anzeigt.

Durch diese mathematische Version der üblichen absoluten Wachstumsdarstellung wird einmal erreicht, daß der Zerfall des Längenwachstums in Phasen genau so deutlich wie bei der von TANNER gezeigten Kurve der direkt berechneten Wachstumsgeschwindigkeiten zu sehen ist. Der zweite für den Pädiater praktisch wichtige Vorteil besteht darin, daß beim Indikatordiagramm die bei nicht genau eingehaltenen Jahresabständen der Messungen umständliche und kaum einwandfrei durchzuführende direkte Berechnung der Jahresraten vollkommen überflüssig gemacht wird.

Damit dürfte restlos am konkreten Beispiel klargestellt sein, daß das Indikatordiagramm weiter nichts als die Anwendung eines mathematisch geometrischen Kunstgriffes ist, um sich auf einfachstem und schnellstem Wege auch im Individualfall eine unmittelbare und vor allen Dingen einwandfrei deutliche Einsicht in das absolute Verhalten der Wachstumsgeschwindigkeiten der Hauptkörpermaße zu verschaffen. Dem Pädiater gegenüber möchte ich nochmals betonen, daß dieser Kunstgriff keine Erfindung von mir, sondern in der Mathematik längst bekannt ist. Ich erarbeite lediglich seine gezielte Anwendung in der Wachstumsforschung.

◀ *Abb. 31:* Der Sohn von DE MONTBEILLARD (1759–55). Literaturbeispiel eines männlichen Längenverlaufs bis zur Reife, der alle Phasen des Längenwachstums zeigt. Der Verlauf der Körperlänge und ihrer Jahresrate in üblicher absoluter Darstellung (nach J. M. TANNER).

IX. Abschnitt: Eingehendere Diskussion der Wachstumsverläufe des Schulalters in ihrer Abhängigkeit von der Wachstumsvariabilität der ersten 6 Lebensjahre.

41. Diskussion der Körperlängenverläufe. Die Vergleichbarkeit der Wachstumsvariabilität der ersten 5 Lebensjahre mit der im Bereich des Pubertätsgeschehens.

Nach der gewonnenen Einsicht über die mit den ersten beiden kritischen Wachstumspunkten verknüpfte systematische Wachstumsvariabilität der ersten 6 Lebensjahre sei jetzt eingehender diskutiert, auf welchem Wege die Hauptfälle extremen Schulkindwachstums entstehen. Nach der vorangegangenen Schilderung der verschiedenartigen Längenverläufe an Hand der Abb. 1—15 dürfte eine nur referierende Mitteilung des Ergebnisses genügen.

Aus der Menge aller Individualverläufe des Beobachtungsgutes werden verschiedene Gruppen gebildet, indem die Kinder mit einem bestimmten Wachstumsereignis (als Probandenmerkmal) zu einer Gruppe zusammengefaßt werden. Sodann wird untersucht, wie sich die Individualverläufe einer solchen Gruppe weiterhin unterscheiden.

Nach diesem Vorgehen seien zunächst folgende 3 Gruppen von Längenverläufen betrachtet:

1.) Diejenigen Längenverläufe, die wie in Abb. 1 bis zur Reife eine konstante Wachstumsgeschwindigkeit von 5, 5—6,5 cm/J., die für das Latenzwachstum „normal“ ist, besitzen.
2.) Längenverläufe wie in Abb. 2 und 3, die einen puberalen Längenschub aufweisen und bei denen davor ein Latenzwachstum mit der „normalen“ Rate 5, 5—6,5 cm/J. liegt.
3.) Längenverläufe wie in Abb. 4 und 5, bei denen die Gliederung des Längenwachstums in die 3 Abschnitte des Latenzwachstums, der präpuberalen Längenhemmung und des puberalen Längenschubes im Schulkindalter deutlich sichtbar ist.

In jeder dieser 3 Gruppen gibt es sowohl a) extrem große wie b) extrem kleine Lernanfänger. Dieser Unterschied kann nur in der Weise zustande kommen, daß bei den durchschnittlich bis extrem großen Lernanfängern ein mittel bis stark ausgeprägtes Intermediärwachstum (wie z.B. nach Abb. 21 u. 22) bis zum 5.—6. Lebensjahr vorhanden war. Die extrem kleinen Lernanfänger sind nicht anders erklärbar, als daß (wie z.B. nach Abb. 24) das Latenzwachstum bereits früh im Alter 2 J. beginnt und daß gegebenenfalls in diesem Alter außerdem bereits eine kleine Körperlänge wegen eines schwachen Säuglingswachstums vorliegt. Jedenfalls ist in diesem Extremfall das Intermediärwachstum nur in Form einer sozusagen rudimentären Andeutung sichtbar oder überhaupt nicht zu sehen.

Während man auf diesem Wege erkennt, daß innerhalb der Wachstumsvariabilität der ersten 6 Jahre einmal die Möglichkeit besteht, daß sich die Phase des Intermediärwachstums der Körperlänge praktisch auf Null reduziert, so zeigen die Abb. 12 und 13 das extreme Gegenstück dazu. Bei diesen Kindern wird eine hohe Wachstumsgeschwindigkeit, die „normalerweise" zur Intermediärphase gehört, bis zum 8.—10. Lebensjahr beibehalten.

Somit stellt sich heraus, daß die verschieden lange Dauer des Intermediärstadiums des Längenwachstums ein Hauptfaktor zur Erklärung der Körperlängenunterschiede in den ersten 4 Jahren des Schulalters ist.

Als 4. Gruppe ziehe man aus der Menge aller Individualverläufe diejenigen Kinder aus, die wie in Abb. 4 u. 5 sowohl eine präpuberale Längenhemmung wie einen puberalen Längenschub haben, so daß der Zeitraum vom Beginn *R* der Längenhemmung bis zum Wachstumsauslauf *T* im ganzen nicht mehr als 4—6 Jahre beträgt. Innerhalb dieser Gruppe können die Kinder weiterhin in früh- und spätpuberierende eingeteilt werden. Bei den frühpuberierenden Kindern, insbesondere bei den Mädchen mit extrem früher Menarche im Alter 10—11 J., gelangt man dann zur Feststellung, daß der Beginn der präpuberalen Längenhemmung bereits vor dem Alter 6 J. liegen kann (Abb. 9 u. 10).

Dieser Extremfall zerfällt weiterhin in die beiden Gruppen a) durchschnittlich bis extrem großer und b) kleiner Lernanfänger. Es ist nun aber klar, daß in der ersten Gruppe a) ein wohl ausgeprägtes Intermediärwachstum vorhanden sein muß, denn sonst kann im 6. Lebensjahr nicht eine durchschnittliche bis überdurchschnittliche Körperlänge erreicht werden. Wenn nun aber andererseits der Beginn *R* der präpuberalen Längenhemmung bereits vor dem Alter 6 J. liegt, so bedeutet dies, daß bei diesen Kindern die Latenzphase der Körperlänge zu einem Rudiment zusammengeschrumpft sein muß. Die Vorverlegung der Pubertät im Zusammenhang mit einer konstitutionell bedingten Disposition zum Eintritt einer präpuberalen Längenhemmung und eines puberalen Längenschubes „normalen Grades" geht also bei diesen Kindern mit „normalem" Säuglings- und Intermediärwachstum allein auf Kosten der Latenzphase.

Bei den extrem kleinen Lernanfängern (Gruppe b)) muß offenbar zusätzlich noch die Intermediärphase von geringer Ausdehnung sein.

Eine weitere klinisch sehr interessante Reihe erhält man, wenn als 5. Gruppe diejenigen Kinder zusammengestellt werden, bei denen ein puberaler Längenschub vorhanden ist und vor diesem Längenschub ein Wachstumsabschnitt mit einer Längenrate von 3,5 — 4,5 cm/J. von beliebig langer Ausdehnung liegt.

Der einfachste und am häufigsten vorkommende Fall wird von den Abb. 4 u. 5 gebracht, bei denen dieser Abschnitt nicht länger als 4 J. dauert und somit als die einfache präpuberale Längenhemmung „normalen" Grades erscheint. Wie die Abb. 8 — 11 zeigen, kann diese Erscheinung in der Weise ausarten, daß der Beginn *R* der Längenhemmung immer weiter nach vorn bis in das 7. — 8. Lebensjahr rückt (Abb. 8) und anscheinend noch bis vor das Alter 6 J. gelangen kann (Abb. 9 — 11). Mit der Vorverlegung des Punktes *R* ist ein Längerwerden des Abschnitts geringer Wachstumsintensität verknüpft, so daß er auch eine Dauer von wenigstens 5 — 6 J. annehmen kann.

Zunächst ist offenbar die extrem lange Dauer des Bestehens einer bei 4 cm liegenden Längenrate als „klinisch auffällig" zu werten. Außerdem erhebt sich die Frage, ob es sachlich noch zutrifft, daß von einer ausgearteten „präpuberalen" Längenhemmung gesprochen wird.

Wie die Abb. 8 — 11 zeigen, müssen dabei wieder die beiden Fälle unterschieden werden, daß das Kind als Lernanfänger a) durchschnittlich bis überdurchschnittlich groß oder b) extrem klein ist. Die letzte Möglichkeit kann nicht anders entstehen, als daß bereits im 3. Lebensjahr die kleine Rate von 4 cm/J. in Anlauf kommt. Dies besagt, daß dann das „normale" Intermediär- und das „normale" Latenzwachstum ausgefallen sein müssen. Wichtig ist, daß diese Kinder, wenn sie noch fähig sind, die Schule zu absolvieren, ein Erscheinungsbild bieten, das meist als „Kümmerwuchs" oder sonstwie als „Grenzfall zum eigentlichen Zwergwuchs" angesprochen wird.

Zwischen diesem Extremfall des Kümmerwuchses mit Beginn der Längenhemmung im 3. Lebensjahr und der eigentlichen relativ kurzen präpuberalen Längenhemmung mit Beginn im 8. — 9. Lebensjahr liegt nur noch der Mittelfall, daß das Kind ein „normal" ausgeprägtes Säuglings- und Intermediärwachstum hat, so daß es als Lernanfänger eine normale bis überdurchschnittliche Körperlänge erreicht, und daß sodann erst im 6.—7. Lebensjahr die extrem lange dauernde geringe Wachstumsgeschwindigkeit von rund 4 cm/J. einsetzt (man betrachte speziell die Kinder I—III in Abb. 8 im Übergang zu den Kindern I—II in Abb. 11).

Es ist nun zu bemerken, daß eine noch niedrigere Wachstumsrate als 3,5 cm/J. nur in manifest pathologischen Fällen auftritt. Ich habe sie bisher nur bei Schülern der Hilfsschule mit eigentlichem Zwergwuchs aus dem Berliner Beobachtungsgut, bei Zwergwuchs aus dem Beobachtungsgut von W. ZELLER und interessanterweise in einem Fall von Hirntumor im Beobachtungsgut „Deutsche Nachkriegskinder" konstatieren können. Bei allen übrigen schulfähigen Kindern ist eine Rate von 3,5—4,5 cm/J. die niedrigste, die im Schulalter überhaupt vorkommt. Es ist daher auffällig, daß der Kümmerwuchs einerseits und die einfache normale präpuberale Längenhemmung andererseits diese noch mögliche niedrigste Rate des Schulalters gemeinsam haben, und daß zwischen diesen beiden Extremfällen alle Zwischenstufen zu finden sind. Als die Hauptfälle der Stufeneinteilung ergeben sich: 1.) Die „normale" Intermediär- und die „normale" Latenzphase fallen aus (Kümmerwuchs bzw. Zwergwuchs), 2.) die „normale" Intermediärphase ist vorhanden und die „normale" Latenzphase fällt aus und 3.) auf eine „normale" Intermediär- und eine „normale" Latenzphase folgt ein relativ kurzes Stück geringer Wachstumsgeschwindigkeit als die gewöhnliche präpuberale Längenhemmung.

Die 3 Wachstumserscheinungen der Intermediärphase, der präpuberalen Längenhemmung und des puberalen Längenschubes haben somit bezüglich der Variabilität ihrer Erscheinungsform die gemeinsame Eigenschaft, daß sie je für sich vollkommen ausbleiben, aber auch jeden Grad einer Ausartung nach extrem langer Dauer oder extremen Werten der Wachstumsgeschwindigkeit annehmen können. Der Variabilität der präpuberalen Längenhemmung und des puberalen Längenschubes entspricht vollkommen die Variabilität der Intermediärphase zu der noch die Variabilität des Säuglingswachstums hinzukommt. Die ersten 4—5 Lebensjahre liefern daher bezüglich der interpersonellen Wachstumsvariabilität ein genau so buntes Bild wie der Bereich des Reifungsgeschehens. Die Wachstumsvariabilität der ersten 4—5 Lebensjahre muß jedoch weitgehendere Konsequenzen nach sich ziehen, eben weil sie am Anfang der Entwicklung liegt.

Es ist jetzt auch vollkommen klar, daß man nicht von einem „accelerierten" und „retardierten" Kind schlechthin sprechen kann. Die exakte und sachlich zutreffende Charakterisierung des individuellen Entwicklungsverlaufs ist nur in der Weise möglich, daß angegeben wird, wie die einzelnen Wachstumsstadien Säuglingsalter, Intermediärphase usw. individuell beim Kind ausfallen bzw. ausgefallen sind. Hieraus ergibt sich dann von selbst der Wachstumsstand des Kindes in einem bestimmten Alter durch „Aufaddieren".

Es ist eine Hauptaufgabe der Auswertung vollständiger Entwicklungsverläufe über das gesamte Wachstumsalter, zu eruieren, wie groß die Wahrscheinlichkeit ist, daß eine nach dem verflossenen Wachstumsablauf getroffene Vermutung über den weiteren Wachstumsablauf zutrifft. Selbst wenn der Wachstumsverlauf des einzelnen Kindes weitgehend determiniert ist, so ist es uns jedoch praktisch unmöglich, daß wir alle maßgebenden genetisch konstitutionellen Einzelbedingungen direkt erfassen und danach den individuellen Wachstumsablauf im voraus berechnen können. Deshalb wird die prognostische Kunst notwendig auf Wahrscheinlichkeitsbestimmungen reduziert, wie groß nach den Befunden (wozu auch der verflossene Wachstumsablauf gehört) die Wahrscheinlichkeit für das Eintreten einer bestimmten Form des weiteren Wachstumsablaufs ist, die erfahrungsgemäß zu den möglichen gehört.

42. Diskussion der Körperfülleverläufe: Der Extremfall einer bis zum Schulalter ausgedehnten Intermediärphase des Körperfülleverlaufs.

Wie die verschiedene Körperfülle der Lernanfänger entsteht, ist bereits an Hand der Abb. 21 – 30 weitgehend besprochen worden. Von besonderem Interesse ist nur noch der Extremfall, daß sich die Intermediärphase des Körperfülleverlaufs so weit ausdehnt, daß ihr Ende *F* erst im Schulalter sichtbar ist.

Beim Mädchen der Abb. 33 fällt der Längenverlauf durch seinen großen Längenschub *ST* auf, der in dieser Ausprägung bei den Mädchen nicht allzu häufig ist. Der Körperfülleverlauf beginnt mit einem Abfall unter rund 45° bis

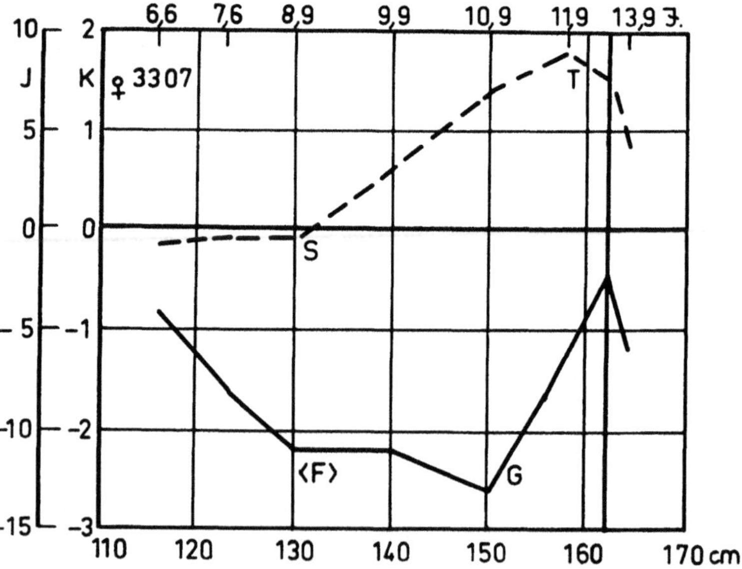

Abb. 33: „Übergreifendes Intermediärwachstum" der Körperfülle. Der für das Intermediärwachstum charakteristische Abfall der Kurve des Indikators *I* reicht bis zum Alter 8,9 J. Stark asynchron findet zu gleicher Zeit der Beginn *S* des puberalen Längenschubes statt.

zum Punkt ⟨*F*⟩ Ein Vergleich mit z. B. Abb. 21 zeigt, daß dieser Abfall die unmittelbare geradlinige Fortsetzung der Intermediärphase der Körperfülle sein kann, wenn der Endpunkt *F* nicht wie bei der Abb. 21 bereits im Alter 6 J., sondern erst im Alter 9 J. liegt.

Im Alter 9 J. gehört das Kind zu denen mit extremer Unterfülle. Das horizontal verlaufende Kurvenstück *FG* bedeutet offenbar das Latenzwachstum der Körperfülle und besagt, daß das Mädchen seine Unterfülle bis zum Alter 11 J. konstant beibehält. Bei dem in *G* einsetzenden Körperfülleschub der Pubertätsphase wird noch nicht einmal die Nullinie des Indikatordiagramms erreicht, so daß das Mädchen auch nach eingetretener Reife extrem mager bleibt. Dieser Ausgang des Wachstums ist ein Indizium dafür, daß der aus dem Rahmen des Üblichen fallende Körperfülleverlauf den einer konstitutionell bedingten Unterfülle bedeutet.

Es handelt sich somit um einen konstitutionell extremen bzw. abwegigen Wachstumsverlauf, der außerdem noch dadurch auffällt, daß ein sehr stark asynchrones Verhalten zwischen Körperfülle- und Längenverlauf zu konstatieren ist. Der Punkt *F* des Körperfülleverlaufs sollte „normalerweise" mit dem Beginn *Q* der Latenzphase der Körperlänge zusammenfallen. Anstatt dessen ist nach der formalen Interpretation des Indikatordiagramms festzustellen, daß das Ende *F* der Intermediärphase der Körperfülle mit dem Beginn *S* des puberalen Längenschubes zusammenfällt.

Diese Konstatierung erscheint dermaßen abwegig, daß daran zu zweifeln ist, ob sie den wahren biologischen Sachverhalt dieses Individualverlaufs richtig beschreibt. Zu vertreten ist jedoch die Stellungnahme, daß es sich bei diesem Kind um ein offenbar sehr abwegiges und allem Anschein nach konstitutionspathologisches Wachstumsverhalten handelt, das nicht ohne weiteres zu den „normalen" Wachstumsverläufen zu rechnen ist.

Beim Knaben der Abb. 34 liegt derselbe Fall einer extrem langen Intermediärphase des Körperfülleverlaufs vor. Nach ihrem Ende ⟨F⟩ folgt jedoch nicht mehr ein Stück einer rudimentären Latenzphase. Die gleichzeitig einsetzende präpuberale Längenhemmung *RS* weist vielmehr darauf hin, daß der auf *F* folgende steile Anstieg des Körperfülleverlaufs eine „präpuberale Verfettung" bedeutet (vgl. dazu Abb. 19). Somit sind auch bei diesem Kind Anzeichen einer hormonalen (oder andersartigen) Disharmonie vorhanden.

In Abb. 35 ist zu beachten, daß der Körperfülleverlauf beim Wert + 6 des Indikators *I* beginnt. Der Knabe muß danach im Kleinkindalter verfettet gewesen sein. Die Verfettung läßt bis zum 10. Lebensjahr kontinuierlich nach, so daß sogar ein „normales" Gewicht erreicht wird, denn die Kurve erreicht im Alter 9,4 J. die Nullinie des Indikatordiagramms. Dann beginnt jedoch beim Punkt *G* wieder ein „mächtiger" Körperfülleschub, der offenbar im Zusammen-

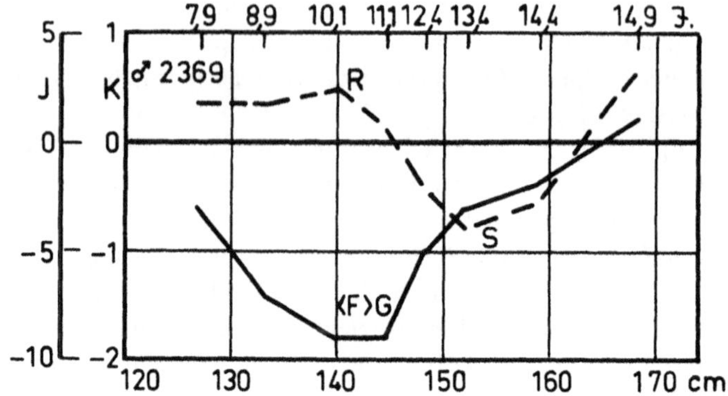

Abb. 34: Das „übergreifende Intermediärwachstum" der Körperfülle geht offenbar bis zum Alter 10,1 J., worauf allem Anschein nach eine „eigentliche präpuberale Verfettung" folgt, da im gleichen Zeitraum die präpuberale Längenhemmung *(RS)* liegt.

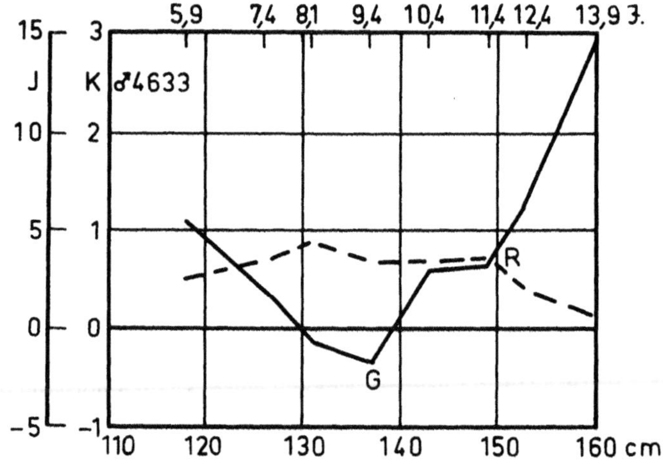

Abb. 35: Die beiden vorigen Fälle haben bei der anscheinenden Beendigung der Intermediärphase der Körperfülle eine extrem kleine Körperfülle (Werte des Indikators *I* bei −10 bis −15). In diesem Beispiel liegt das Minimum beim Wert 0 von *I*, der einen „normalen" Wert der Körperfülle anzeigt, so daß der Knabe im Kleinkindalter verfettet gewesen sein muß.

hang mit dem Reifungsgeschehen steht, und der zu extrem großen Indikatorwerten führt, die für eine erneute Fettsucht sprechen. Auch dieses Kind ist offensichtlich endokrin gestört.

Das Mädchen in Abb. 36 unterscheidet sich von diesem Knaben nur noch durch die weitere Auffälligkeit einer extrem frühen Pubertät. Der Wachstumsauslauf *T* beginnt bereits im 10. Lebensjahr.

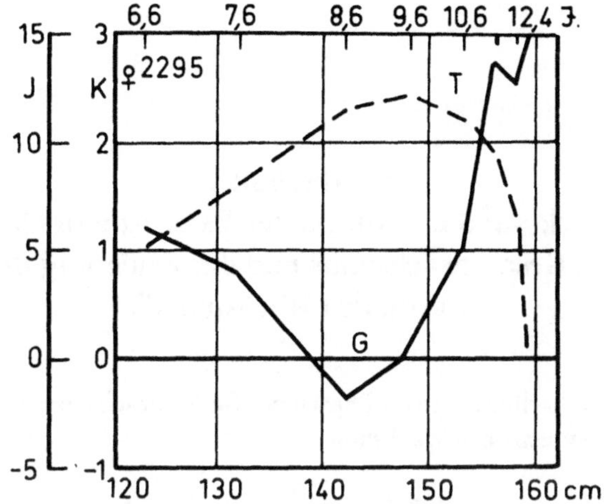

Abb. 36: Dieses Mädchen hat praktisch denselben Körperfülleverlauf wie der Knabe des vorigen Beispiels, wozu noch eine extrem frühe Pubertät kommt, so daß der Wachstumsauslauf *T* bereits im 10. Lebensjahr beginnt.

Die Betrachtung solcher extremen und endokrin gestörten Wachstumsverläufe gibt einmal den Hinweis dafür, daß die relativ plötzlichen Änderungen in der Kurvenrichtung beim Längen- und Körperfülleverlauf als Symptome einer einsetzenden Über- oder Unterfunktion bestimmter hormonaler (oder andersartig bedingter) Komponenten ausgewertet werden können. Offenbar besteht kein strenger Synchronismus zwischen dem nach der Körperlänge gemessenen Skelettwachstum und dem durch das Gewicht gemessenen Massenwachstum von dem das Gewicht des Skeletts nur ein Bruchteil ist. Man muß somit annehmen, daß es verschiedene vermutlich hormonale Faktoren gibt, von denen die einen speziell auf das Skelett und die anderen speziell im übrigen Körperbereich auf die Massenzunahme irgendwo wirken. Beim sogenannten „gesunden" Wachstum ist im großen und ganzen ein Synchronismus genügend enger Variationsbreite festzustellen. Die Ausnahmefälle sind jedoch häufiger als im allgemeinen vermutet wird.

X. Abschnitt: Ausblick auf das Problem der Existenz von Phasen des Gesamtwachstums und der Eruierung des „normalen Wachstums".

43. Über die Feststellbarkeit von Phasen des Gesamtwachstums in Betracht der Erscheinung asynchronen Wachstums.

Die zuletzt besprochenen Befunde weisen darauf hin, daß eine Diskussion darüber, ob es scharf begrenzte Phasen des Gesamtwachstums gibt oder ob zweckmäßigerweise nur von Phasen einzelner Körperteile oder Organsysteme gesprochen werden sollte, von einer Untersuchung darüber abhängt, in welchem Umfang und wie häufig Wachstumserscheinungen zu beobachten sind, die als „asynchroner" Verlauf imponieren. Die Erscheinung des Asynchronismus verhindert, daß im Individualfall von einer scharf begrenzten Phase des Gesamtwachstums die Rede sein kann. Je häufiger diese Erscheinung bei den Individualverläufen auftritt, um so mehr verliert das Operieren mit dem Begriff einer Phase des Gesamtwachstums an praktischer Bedeutung. Im folgenden will ich daher alle bereits genannten Befunde noch einmal eingehender unter dem Gesichtspunkt besprechen, in wie weit sie sich zur empirischen Untermauerung des Begriffs „Phase des Gesamtwachstums" eignen.

Nach den in der Literatur zu findenden Schilderungen des Pubertätswachstums gewinnt man z. B. den Eindruck, daß ein Längenschub eine notwendige Begleiterscheinung des Pubertätswachstums sei. Demgemäß müßte auch umgekehrt der Längenschub dazu dienen können, die durch die Entwicklung der sekundären Geschlechtsmerkmale charakterisierte „eigentliche" Pubertätsphase (auf diese Definition habe ich mich als zweckmäßig festgelegt) zu diagnostizieren. Das vergleichende Studium von Individualverläufen ergibt jedoch nur den folgenden Zusammenhang zwischen Pubertätsphase und Längenschub: Falls es im Zusammenhang mit der „eigentlichen" Pubertätsphase zu einer Änderung der Wachstumsgeschwindigkeit der Körperlänge kommt, so erfolgt diese stets nur in Form eines Längenschubes. Ebenso ist zu konstatieren: Falls es im Zusammenhang mit den unmittelbar der „eigentlichen" Pubertätsphase vorangehenden Wachstumsverhältnissen zu einer Änderung der Längenrate kommt, so erfolgt diese stets im Sinne einer Verminderung der Längenrate, als Erscheinungsbild einer präpuberalen Längenhemmung.

Man beachte, daß sich diese beiden Feststellungen nur auf die allgemeine Form einer möglicherweise eintretenden Wachstumserscheinung beziehen und nichts über ihre biologische Notwendigkeit aussagen. Mit diesem relativ geringen Inhalt sind sie jedoch der unbestreitbare empirische Befund. Mit allen über diesen Inhalt hinausgehenden klinisch intuitiven Aussagen (Hypothesen) über biologische Notwendigkeit beim sogenannten „normalen" Wachstum beginnt jedoch das Problem, inwieweit die zu große Häufigkeit der nicht zur Hypothese passenden empirischen Befunde diese erschüttern oder als fragwürdig erscheinen lassen.

Bei den Mädchen gibt es z. B. auffallend viel Längenverläufe, bei denen weder eine Längenhemmung noch ein Längenschub auftritt, sondern der für das Latenzwachstum charakteristische Kurvenverlauf bis zum Wachstumsauslauf bestehen bleibt. Hier versagt das Längenwachstum vollkommen für die Feststellung der „eigentlichen" Pubertätsphase. Ebenso erscheint es als ein Nonsens, von den Kindern mit und denen ohne präpuberale Längenhemmung behaupten zu wollen, daß bei den ersten eine „präpuberale Hemmungsphase" als Phase des Gesamtwachstums auftritt und bei den zweiten fehlt.

Zum analogen Ergebnis führt die zu beobachtende verschieden lange Dauer der präpuberalen Längenhemmung, des puberalen Längenschubes und auch des Intermediärwachstums. Wenn diese Erscheinungen als ein Maßstab für die reale Länge der mit ihnen (realiter nur korrelativ) verbundenen Phasen des Gesamtwachstums genommen werden, dann findet man, daß diese bei Individualverläufen zwischen 1 und 5–6 J. Dauer schwanken können, was unmöglich so häufig, wie es zu konstatieren ist, ganzheitlich dem Entwicklungsgang der übrigen Wachstumsmerkmale korrespondieren kann.

Da nun im endokrinen Bereich die Erscheinung bekannt ist, daß leicht und häufig dem zeitlichen Eintritt nach sehr variabel eine Über- oder Unterfunktion einer hormonalen Komponente eintreten kann, so ist die häufige Erscheinung asynchronen Wachstums plausibel nach folgenden Annahmen erklärt: Im Verlaufe des Wachstums stellen sich innerhalb des Gefüges der Wachstumssteuerung nacheinander verschiedene Konstellationen ein. Es ist mit einer Mehrzahl hormonaler (oder andersartiger) Faktoren zu rechnen. Eine Über- oder Unterfunktion bei einem der in Frage kommenden Faktoren kann sich unter Umständen nur bei einem Körperteil oder Organsystem quasi als „Erfolgsorgan" auswirken.

Damit ist dann von selbst die Möglichkeit einer klinisch diagnostischen Auswertung der Erscheinungen asynchronen Wachstums gegeben. Wie bereits auf S. 131 festgestellt wurde, müssen auch das Skelett einerseits und die durch alle übrigen Weichteile gegebene und für sich allein genommene „Masse" andererseits quasi als zwei verschiedene Erfolgsorgane genommen werden. Allem Anschein nach gibt es endokrine Beeinflussungen (Konstellationen), die das Gesamtwachstum praktisch gleichmäßig aktivieren oder hemmen können (vgl. Nr. 30), und solche, die sich nur beim Skelett oder nur bei den Weichteilen bemerkbar machen.

Meinem Überblick nach, wie er sich durch das vergleichende Studium der Indikatordiagramme ergibt, ist über die Häufigkeit der Erscheinung asynchronen Wachstums folgendes zu sagen: Die verschiedenen Erscheinungen eines Asynchronismus sind zwar nicht die Regel, hinwiederum aber nicht so selten, daß umgekehrt der Synchronismus (nach den üblichen statistischen Richtlinien) als „die Regel" hingestellt werden kann. Vollkommen kennzeichnend wird die Situation durch den Analogievergleich beschrieben, daß die Erscheinung einer synchronen Entwicklung nur ebenso häufig und ebenso sicher festzustellen ist, wie z. B. unter den verschiedenen Körperformen der Erwachsenen der Befund einer „reinen" athletischen, pyknischen oder leptosomen Körperform. Bekanntlich hat hierbei die subjektive Deutung wegen der Mannigfaltigkeit der Körperformen viel Spielraum, indem z. B. ein Untersucher nur bei 30—40%, ein anderer hingegen bei 60—70% der Personen die Zuordnung zu einem reinen Körperbautyp durchführen zu können glaubt. Ähnlich liegt die Situation bezüglich der Feststellbarkeit synchronen und asynchronen Wachstums. Aus einem großen Beobachtungsgut können mit Leichtigkeit 30% Fälle reinen synchronen Verlaufs und ebenso leicht 30% Fälle einwandfrei asynchronen Verlaufs ausgewählt werden. Dazwischen liegen mehr oder minder verschwommene Formen, die je nach dem vom Untersucher angewendeten Grad der Großzügigkeit der Beurteilung bald der einen und bald der anderen Klasse zugeordnet werden können.

Ich selbst befolge das Prinzip, zunächst die „klaren" Fälle herauszustellen und die Aufklärung der „unsicheren" Fälle und „Mischformen" als eine noch zu erledigende Forschungsaufgabe anzusehen. Ich neige nicht dazu, individuelle Wachstumsverläufe, die in eine bestimmte Wachstumstheorie nicht hineinpassen, von vornherein „nur als Varianten" zu deklarieren, die die Theorie nicht erschüttern können. Ich betrachte vielmehr die Analyse der Mischformen als das Mittel zur weiteren Erkenntnis des inneren Getriebes des Wachstumsgeschehens. Hierfür müssen offenbar noch die Methoden der Erbforschung in Anwendung gebracht werden, indem zumindest die Wachstumsverläufe innerhalb von Geschwisterreihen nach dieser Methode untersucht werden.

Was somit die Konzeption einer „Phase des Gesamtwachstums" anbetrifft, so zeigen die Individualverläufe, daß die Wachstumsknicke von Gewicht und Länge bei ungefähr einem Drittel der Kinder synchron liegen, so daß diese Fälle kein „Gegenbeispiel“ zur Behauptung der Existenz von Phasen des Gesamtwachstums sind. Bei etwa ebensoviel Kindern sind jedoch die Merkmale für eine asynchrone Entwicklung so deutlich ausgeprägt, daß danach nicht mehr genau zu sagen ist, wann eine bestimmte „Phase des Gesamtwachstums“ beim Kind anfängt oder aufhört.

Von der Forderung einer reinen objektiven Beschreibung des individuellen Wachstumsverlaufs her, die nicht in eine bestimmte Ansicht über den „normalen“ Wachstumsverlauf hineingezwungen werden soll, ist es daher in den relativ vielen Fällen asynchronen Wachstums nicht möglich, den individuellen Verlauf nach dem Überstehen bestimmter Phasen des Gesamtwachstums zu beschreiben. Der Asynchronismus verhindert, daß Anfang und Ende einer solchen Phase relativ eindeutig feststellbar ist. Bei diesen Kindern muß man daher zu einer genauen Beschreibung der Form des asynchronen Wachstums übergehen. Nach der geschilderten Wachstumsvariabilität von Körperfülle- und Längenverlauf bedeutet dies, daß dann der Körperfülle- und Längenverlauf je für sich nach den Verhaltensweisen der Wachstumsgeschwindigkeiten, die für das Säuglingsalter, Intermediär-, Latenzwachstum usw. charakteristisch sind, zu beschreiben ist. Es ist anzugeben, wo die „Umschaltpunkte“ *(E, F, G; P, Q, R, S, T)* des Körperfülle- und Längenverlaufs liegen. Falls sie im Individualfall synchron liegen, wäre die Unterlage dazu gegeben, von „somatischen“ Phasen des individuellen Gesamtwachstums zu sprechen. Es bleibt aber noch die Möglichkeit übrig, daß z. B. die psychischen Entwicklungsphasen nicht mit den somatischen Phasen zusammenfallen. Dann kann im Individualfall immer noch nicht von einer Phase des Gesamtwachstums gesprochen werden.

Man sieht leicht, wie dieser Gedankengang weiterläuft. Wenn noch mehr Körpermaße (z. B. der Brustumfang und die Beinlänge) in die Betrachtung mit einbezogen werden, dazu noch z. B. die verschiedenen sekundären Geschlechtsmerkmale und die von den Psychologen aufgestellten Merkmalsgruppen zur Charakterisierung der psychischen Entwicklung, so wird die Wahrscheinlichkeit immer geringer, daß man bei den Individualverläufen eine streng synchrone Entwicklung findet, die sich über sämtliche Merkmalsbereiche erstreckt.

44. Über die Begrenzung eines Bereichs vielfältiger „normaler" Wachstumserscheinungen durch Ausschluß klinisch positiv als abwegig erkannter Fälle.

Ein Blick in die klinische Praxis zeigt, daß bei weitem nicht alle Merkmale, durch die sich Menschen unterscheiden, klinisch von Belang sind. Z. B. ist es im allgemeinen klinisch belanglos, welche Augen- und Haarfarbe ein Mensch hat. Es ist daher zu vermuten, daß auch nicht alle Wachstumsunterschiede, die wir feststellen können, klinisch bedeutsam sind. In weiten Grenzen kommt es allerdings auf die jeweilige Fragestellung an, ob gewisse Merkmale als mehr oder minder wichtig zu nehmen sind. Mir scheint daher, daß eine zweckmäßige Weiterentwicklung der klinischen Wachstumsdiagnostik zunächst versuchen sollte, für alle extremen Verhaltensweisen von Wachstumsmerkmalen, soweit sie durch längsschnittmäßige Betrachtung nach Kurven und anderen psychischen und klinischen Testverfahren konkret und eindeutig greifbar sind, durch direkte biologisch klinische Erforschung die diagnostische Bedeutung zu ermitteln. Man muß sich hierbei weitgehend von der Annahme befreien, daß ein von formal statistischer Sicht als extrem erscheinendes Wachstumsereignis stets mit „größter Wahrscheinlichkeit" als ein „pathologisches Symptom" im üblichen klinischen Sinne anzusehen sei. Man muß bei manchen extremen Verhaltensweisen des Wachstums (insbesondere in der Pubertät) auch damit rechnen, daß eine mutative Variabilität dahinter steckt, wie sie bei der Entwicklung der Arten ins Spiel kommt, und daß vor weiterer biologischer Erforschung der Erscheinung zunächst jeder Anhaltspunkt dafür fehlt, ob die Mutante als „vorteilhaft oder unvorteilhaft" als „Abartung mit pathologischem Beigeschmack" oder sonstwie zu beurteilen ist.

Wenn aus der Gesamtheit aller Wachstumsverläufe sukzessive durch fortschreitende Erkenntnis alle diejenigen ausgesondert werden, die von klinischer Sicht als „nicht gesund", „ausgeartet" oder sonstwie als „abwegig" qualifiziert werden müssen, so muß als Rest ein gewisser Bereich von verschiedenen Individualverläufen übrig bleiben. Es ist denkbar, daß sich dieser Restbereich im Laufe der Zeit immer mehr verengt und als Grenzfall schließlich den „normalen" Wachstumsablauf ergibt. Bisher hat man versucht, diesen Grenzfall durch die Berechnung von Mittelwerten aus der Gesamtbevölkerung zu eruieren. Wegen der offenbaren biologischen Inhomogenität der Bevölkerung ist dies jedoch nicht das sachgerechte Vorgehen. Es muß vielmehr das geschilderte Verfahren der sukzessiven Einengung des Bereichs „gesunden" Wachstums angewendet werden, das formalistisch in der Mathematik unter der Bezeichnung „Intervallschachtelung" läuft.

Es ist nämlich u. a. die Frage, ob ein solcher Grenzfall absolut normalen Wachstums überhaupt existiert und nicht vielmehr ein Bereich bleibt, der eine gewisse Vielfalt von (konstitutionell mutativen) Varietäten „gesunden" Wachstums umschließt. Von biologischer Sicht ist dies sogar das wahrscheinlichere Ergebnis, denn eine gewisse (mutative oder sonstwie beschaffene) Variabilität, die nicht unbedingt den Beigeschmack des Pathologischen haben muß, ist die notwendige Voraussetzung für den Tatbestand der sogenannten „Entwicklung der Arten". Der Mensch kann davon nicht ausgeschlossen werden. In diesem Fall ist es jedoch ein zweckloses Unternehmen, irgendwie auf gemischt intuitiv statistischer Basis von vornherein den einzigen normalen Wachstumsablauf eruieren und genau nach dem Ablauf von Phasen des Gesamtwachstums in allen Einzelheiten beschreiben zu wollen, weil es ihn gar nicht gibt.

Zusammenfassung der grundlegenden methodischen Hauptpunkte.

Es gibt praktisch keine Frage über die Variabilität des menschlichen Wachstumsablaufs und die damit verknüpfte Formwandlung, über die sich in der medizinischen Literatur nicht verschiedene und teilweise sogar direkt entgegengesetzte Meinungen bzw. Behauptungen finden. Es wäre nicht weiter verwunderlich, wenn sich diese Meinungsverschiedenheiten nur auf die richtige biologische Deutung objektiver an sich nicht weiter bestreitbarer somatometrischer Befunde beziehen; denn eine Aufgabe fortschreitender Erforschung einer Naturerscheinung besteht grade darin, im Laufe der Zeit die richtige Deutung zu finden. Studiert man jedoch die Ausführungen von Forschern entgegengesetzter Meinung näher, so ergibt sich relativ häufig der Fall, daß die somatometrischen Befunde in mathematisch verschiedener Weise (z. B. nach verschiedenen Formeln) ausgewertet worden sind. Z. B. behauptet W. ZELLER, daß im Pubertätsbeginn ein mächtiger Nachschub des Beinlängenwachstums stattfindet, wobei er hauptsächlich die sogenannte Rumpf-Extremitäten-Relation (die Verhältniszahl $\frac{\text{Stammlänge}}{\text{Beinlänge}}$) betrachtet. WEISSENBERG und KISTLER hingegen kommen zum entgegengesetzten Befund, daß im Pubertätsbeginn das Stammlängenwachstum stärker als das Beinlängenwachstum wird, indem sie die Steigungen der absoluten Wachstumskurven von Bein-, Stamm- und Körperlänge miteinander vergleichen. Da die Steigungen der absoluten Wachstumskurven die Wachstumsgeschwindigkeiten der Körpermaße repräsentieren, bewegen sie sich mit ihrer Betrachtungsweise im Bereich der Zahlenverhältnisse zwischen den Wachstumsgeschwindigkeiten der Körpermaße und nicht wie ZELLER, im Bereich der Zahlenverhältnisse zwischen den absoluten Körpermaßen.

Dieses Beispiel zeigt besonders deutlich, wie sehr die Auswertung und Deutung somatometrischer Wachstumserhebungen von der Art und Weise abhängt, mit der man mathematisch die Zahlenbefunde angeht. Damit stellt sich die grundsätzliche Frage, ob es überhaupt einen Sinn hat, sich mit der Betrachtung somatometrischer Wachstumserhebungen zu beschäftigen, wenn man je nach Belieben durch verschiedene mathematische Vorgehensweisen für logisch nicht miteinander verträgliche biologisch intuitive Behauptungen über den Formwandelablauf die anscheinende Bestätigung jeder Behauptung gewinnen kann. So gesehen ist die Situation wirklich hoffnungslos. Wenn somit somatometrische

Wachstumserhebungen zu einem wichtigen Hilfsmittel der Wachstumsforschung werden sollen, so bleibt nichts anderes übrig, als daß man sich zuerst grundsätzlich darüber Klarheit verschafft, in welcher Weise sie überhaupt eine von subjektiven Meinungsverschiedenheiten unabhängige Leistung vollbringen können, die sie zu einem wichtigen Handwerkszeug der Wachstumsforschung erhebt. Diese Leistung kann offenbar nicht darin bestehen, daß sie von vornherein sogleich eine fertige biologisch klinische Diagnose liefern oder eine klinische Vermutung schlechthin bestätigen. Ein Blick auf die Anwendung der Mathematik in den sogenannten exakten Wissenschaften lehrt jedoch, daß die Anwendung mathematischer Prozeduren auf Messungsergebnisse auch dazu dient, einen Einblick in komplizierte Zusammenhänge zu gewinnen, die wir anschaulich intuitiv nicht mehr übersehen können und einfache Sachverhalte auf numerischem Gebiet kund zu tun, die wir wegen der mangelnden Fähigkeiten unseres subjektiven sinnlichen Anschauungsvermögens nicht direkt wahrnehmen können.

Die jetzige Studie über die inter- und intrapersonelle Variabilität des Körperlängen- und Körperfülleverlaufs ist von mir als eine ausführliche Exposition dieser methodischen Sicht an Hand eines klinisch wichtigen Beispiels gedacht. In diesem Sinne würde eine Zusammenfassung der Ergebnisse, die nur in einer simplen Aufzählung von Fakten über die Verschiedenheiten der individuellen Wachstumsverläufe besteht, die für manchen Leser das allein Interessierende ist, nicht meine jetzigen Ausführungen richtig charakterisieren. Das Hauptthema ist eine methodische Grundlagenfrage, die man vielleicht so formulieren könnte: *Was sind und was sollen die somatometrischen Wachstumserhebungen in der empirischen Wachstumsforschung?* Die speziell auf diese Frage bezogene Zusammenfassung der vorliegenden Ausführungen lautet:

Aus dem Erscheinungsbild der individuellen Formwandlung eines wachsenden Organismus ist blickmäßig nicht mehr entnehmbar, als wozu die Fähigkeiten unseres subjektiven räumlich sinnlichen Anschauungsvermögens hinreichen. Es ist ein in den sogenannten exakten Wissenschaften empirisch erhärteter Tatbestand, daß wir aus dem äußeren Erscheinungsbild einer Formwandlung insbesondere nicht richtig erkennen können, durch welche Verhaltensweisen der Wachstumsgeschwindigkeiten der Körpermaße sie zustande gekommen ist. Deshalb besteht die wichtige praktische Aufgabe einer laufenden somatometrischen Kontrolle des individuellen Wachstums darin, die Einsicht in das wahre Verhalten der Wachstumsgeschwindigkeiten der Körpermaße im Individualfall zu ermöglichen. Damit findet sozusagen eine Erweiterung der Fähigkeiten unseres subjektiven räumlich sinnlichen Anschauungsvermögens statt, indem dadurch auch empirische Befunde über die Verschiedenheiten individueller Wachstumsverläufe im Erscheinungsbereich der Wachstumsgeschwindigkeiten der Körpermaße „exakt", d. h. nicht nur nach Vermutung erhebbar sind.

Die bisher vom Pädiater zum Studium der individuellen Formwandlung meist benutzten Verfahren, in der Hauptsache die Verwendung sogenannter Proportionalindizes und der Vergleich mit dem mittleren Wachstumsverlauf aus der Durchschnittsbevölkerung, sind von mathematischer Sicht nicht die zweckmäßigen und zulänglichen Vorgehensweisen, um unmittelbar den einfachen klaren Einblick in das individuelle Verhalten der Wachstumsgeschwindigkeiten zu gewinnen. Von ihnen ausgehend muß man schon die sogenannte Differentialrechnung in Anwendung bringen, was praktisch zu komplizierten Rechnungen führt, die nicht nur für den Laien zu umständlich sind, sondern auch als mathematisch zu ungeschickt für die Beantwortung der Frage zu beurteilen sind. Das einfachste Vorgehen besteht darin, eine besondere und leicht konstruierbare Kurvendarstellung des Wachstums zu benutzen, an der auf den ersten Blick mit genügend großer Deutlichkeit zu sehen ist, wie sich die Wachstumsgeschwindigkeit eines Körpermaßes oder das Verhältnis aus den Wachstumsgeschwindigkeiten von zwei Körpermaßen individuell im Laufe des Wachstums absolut oder prozentual ändert.

In der jetzigen Studie wird eine solche Kurvendarstellung unter der Bezeichnung „Indikatordiagramm" verwendet und am Beispiel des vergleichenden Studiums der inter- und intrapersonellen Variabilität des Körperlängen- und Körperfülleverlaufs bei über 2000 Kindern gezeigt, wie das Verfahren anzuwenden ist und zu welchen Ergebnissen es führt. Abgesehen von Einzelheiten ergeben sich folgende drei allgemein wichtige Hauptresultate:

Erstens: Das menschliche Wachstum wird nicht durch „Zäsuren des Gesamtwachstums", die die Wachstumsgeschwindigkeiten aller Hauptkörpermaße physiologisch notwendig ändern, in Phasen eingeteilt. Es ist vielmehr nur zu konstatieren, daß es „kritische Punkte" im Wachstumsablauf gibt. Dies sind bestimmte Stellen im Wachstumsablauf, erstens der Übergang vom Säuglings- zum Kleinkindalter, zweitens die Umgebung des 4. Lebensjahres, drittens der Zeitraum von 5 – 6 J. vor der Reife und viertens der Zeitraum von 2 – 3 J. vor der Reife, an denen speziell plötzliche Änderungen der Wachstumsgeschwindigkeit in einer bestimmten Richtung bei den Hauptkörpermaßen (Knicke im Kurvenverlauf) auftreten. Das Eigentümliche ist, daß die Wachstumsänderungen im 2. bis 4. kritischen Wachstumspunkt, auch je für sich allein und individuell verschieden vollkommen ausbleiben können. Deshalb ist es sachgemäßer, nur von einem „kritischen Wachstumspunkt" anstatt von einer „Zäsur des gesamten Wachstumsgeschehens" zu sprechen. Dieser Befund gibt die Erklärung dafür, warum der Pädiater bei relativ vielen Kindern niemals eine genügend große Übereinstimmung des äußeren Erscheinungsbildes der Entwicklung mit den in der Literatur vorhandenen vielfältigen Lehren über den Zerfall der kindlichen Formwandlung in streng begrenzte Phasen sehen kann.

Das zweite Hauptergebnis ist ebenfalls von methodisch grundlegender Natur, indem sich durch einfache statistische Auszählung der Geschwindigkeitsänderungen der Körpermaße ergibt, daß die Variabilität des menschlichen Wachstums *nicht* der für die Anwendung der bisher üblichen sogenannten *querschnittsstatistischen Normwertung* notwendigen Voraussetzung *genügt*. Nach dieser Voraussetzung müßte die Variabilität so beschaffen sein, daß der Wachstumsverlauf in jedem beliebigen Alterspunkt gleich häufig nach oben und unten vom „programmäßigen" Verlauf abweicht. Dies ist jedoch nicht der Fall, sondern in verschiedenen Entwicklungsphasen ist jeweils die Häufigkeit eines Wachstumsknickes nach oben vollkommen verschieden von der Häufigkeit eines Wachstumsknickes nach unten. Damit wird dem wissenschaftlichen Medizinalstatistiker zum ersten Mal ein objektiver Befund über die feinere Struktur der Variabilität des menschlichen Wachstums vorgelegt, der nicht auf rein (intuitiven) biologischen Einsichten beruht, sondern objektiv numerisch feststellt, daß die für Anwendung der bisher üblichen rein querschnittsstatistischen Normwertung notwendigen Voraussetzungen über die menschliche Wachstumsvariabilität nicht zutreffen. Ebenso wenig, wie es für die Körperform des Erwachsenen eine „Norm" gibt, sondern die Existenz von „Körperbautypen" angenommen werden muß (wenn auch noch keine Klarheit über die biologisch klinisch zulangende Einteilung vorhanden ist), so weisen die „systematischen" Züge innerhalb der menschlichen Wachstumsvariabilität darauf hin, daß auch „*konstitutionell bedingte verschiedene Verlaufstypen des Wachstums*" existieren müssen, die durch charakteristische Unterschiede geometrisch qualitativer Natur bei den absoluten Wachstumskurven der Hauptkörpermaße zu erkennen sind.

Drittens: Um den Verlauf des individuellen generellen Wachstumstempos von den individuell besonderen Erscheinungen der reinen Formwandlung zu trennen, müssen *Wachstumsdarstellungen, die das Alter in keiner Form* (auch nicht implizite) *enthalten*, mit solchen verglichen werden, bei denen das *Alter als Abszissenwert* oder in der Formel für die Kurvenordinate auftritt. Z. B. ist das Studium der Formwandlung nach dem Verlauf der Proportionalindizes in Abhängigkeit vom Alter immer noch nicht frei von Täuschungen durch die individuell verschiedenen Verläufe des generellen Wachstumstempo. Um sie zu vermeiden, muß aus rein mathematisch analytischen Gründen, die nichts mit einer biologisch klinischen Wertschätzung der Körperlänge zu tun haben, die Körperlänge als Abszissenwert gewählt werden.

Dies sind die grundlegenden Hauptergebnisse der jetzigen Studie, die mir wegen ihrer Tragweite im Vergleich zu den bisherigen Veröffentlichungen in der medizinischen Literatur als besonders wichtig erscheinen. Die übrigen aus den Nummernüberschriften ersichtlichen behandelten Einzelfragen stehen unter dem Aspekt dieser grundlegenden Haupterkenntnisse. Abgesehen davon, daß sie absolut für sich allein genommen neue Ergebnisse darstellen (z. B. die verschiedene Häufigkeit der einzelnen Verlaufstypen des Wachstums bei Knaben und Mädchen, die Erscheinungen asynchronen Wachstumsverhaltens bei Gewicht und Länge, und die Beschleunigung der Reife durch den puberalen Wachstumsschub und ihre Verzögerung durch eine präpuberale Wachstumshemmung), dienen sie als Illustration und Beleg für die Erörterung der methodischen Grundfragen zur längsschnittmäßigen Wachstumsanalyse und für die Erörterung der „richtigen" Verwertung somatometrischer Befunde für die klinische Beurteilung des individuellen Wachstumsverlaufs.

Die „richtige" Verwertung kann nur darin bestehen, daß die nur durch eine laufende somatometrische Wachstumskontrolle ermöglichte „exakte" Konstatierung von individuellen Verlaufseigentümlichkeiten der Wachstumsgeschwindigkeiten von Gewicht und Länge als ein objektiver Befund genommen wird, der erst zusammen mit allen übrigen klinischen nicht stets meßbaren Befunden die vollständige Unterlage für die abschließende klinische Gesamtbeurteilung des individuellen Wachstumsverlaufs ergibt. Auf somatometrischem Wege erhaltene Konstatierungen (z. B. Werte von Indexzahlen oder festgestellte Wachstumsknicke) sind weiter nichts als objektive Unterlagen zur differentialdiagnostischen Präzisierung des klinischen Urteils. Nur in diesem Sinne können sie rational den ohne somatometrische Befunde gestellten Diagnosen „gegenübergestellt" werden. Sie können ein biologisch klinisches Werturteil an sich weder kontrollieren noch bestätigen, sondern nur dafür eine präzise objektive Unterlage liefern und eventuell eine weitere differentialdiagnostische Aufspaltung ermöglichen.

Der klinisch rein praktische Inhalt der jetzigen Studie liegt darin, daß ich an Hand des vergleichenden Studiums von über 2 500 Individualverläufen versuche, eine möglichst vollständige Übersicht über alle individuellen Verlaufseigentümlichkeiten der Körperlängenrate und des Verhältnisses aus der Lineargewichtsrate und Körperlängenrate zu geben, die wahrscheinlich eine besondere wachstumsdiagnostische Bedeutung haben. In der Hauptsache sind dies plötzliche Änderungen im Tempo des Körperfülle- und Körperlängenverlaufs. Vom 1. Lebensmonat bis zur Reife treten bei den individuellen Körperfülleverläufen im Höchstfall nur drei wesentliche Tempoänderungen und bei den individuellen Körperlängenverläufen im Höchstfall nur vier wesentliche Tempoänderungen ein, die, falls sie im Individualfall wirklich eintreten, dies vorzüglich an bestimmten Entwicklungspunkten tun (Beginn des Kleinkindalters, im 4. Lebensjahr, 5–6 J. und 2–3 J. vor der Reife). Ihr Auftreten zeigt eine ziemlich große Variabilität, so daß sie einzeln auch ausbleiben und relativ früh oder spät auftreten können, was ebenso viele verschiedene Befunde als Unterlage für eine klinische Beurteilung des individuellen Wachstumsablaufs liefert. Wie diese zu treffen ist, ist natürlich den bloßen Zahlen und Kurvenformen ohne Kenntnis der biologischen Ursache nicht sicher entnehmbar, sondern es können nur Vermutungen darüber geäußert werden, wie diese im Vergleich zu den bis jetzt bekannten biologischen Einsichten in das menschliche Wachstum ausfallen könnte.

Für den weiteren Ausbau der Beurteilung des individuellen Wachstumsverlaufs und überhaupt für die Wachstumsforschung bedeutet es jedoch bereits einen Fortschritt, wenn der Pädiater und Wachstumsforscher auf bestimmte Eigentümlichkeiten der inter- und intrapersonellen Wachstumsvariabilität aufmerksam gemacht wird, deren biologisch klinische Erforschung höchstwahrscheinlich weiterführt. Da, wie bereits gesagt, die im Bereich der Wachstumsgeschwindigkeiten empirisch aufzufindenden charakteristischen Unterschiede zwischen individuellen Wachstumsverläufen auf rein blickdiagnostischem Wege nicht aus dem äußeren Erscheinungsbild der Formwandlung sicher entnehmbar sind, wird damit praktisch ein weiteres phänomenologisches Gebiet für die Wachstumsbeurteilung geöffnet.

In diesem Sinne bezieht sich die jetzige Studie zunächst auf alle individuellen Verlaufsunterschiede im Bereich der Wachstumsgeschwindigkeiten von Körpergewicht und Körperlänge, die bei einer ersten Durchsicht eines großen Beobachtungsgutes unmittelbar in das Auge fallen. Da im Beobachtungsgut „Deutsche Nachkriegskinder“ noch weitere Körpermaße erhoben worden sind, sollen die nächsten Veröffentlichungen die Ergebnisse zu den übrigen Hauptkörpermaßen bringen.

Es muß erst eine gewisse vollständige Übersicht über die Struktur der – nicht rein zufälligen – menschlichen Wachstumsvariabilität im somatischen Bereich gewonnen werden, damit der Pädiater die geeignete Unterlage für die Inangriffnahme des Problems der Beurteilung des individuellen Wachstumsverlaufs nach einer laufenden somatometrischen Wachstumskontrolle erhält. Die jetzige Studie demonstriert ausführlich, daß in mühseliger Kleinarbeit erst eine große Anzahl empirischer Beobachtungen zur Variabilität des menschlichen Wachstums zusammengetragen werden muß, bevor man dazu übergehen kann, in ihnen nach der biologischen Erklärung den roten Faden zu suchen, der die vom Pädiater erstrebten klinisch zulänglichen Richtlinien für die Beurteilung der individuellen Wachstumsverläufe abgibt.

Literatur

A. Zu den methodischen Grundlagenfragen: 1.) Ausschaltung der sogenannten anthropomorphen Maßstäbe, 2.) die Stellung der Statistik zur kausaldynamischen Betrachtungsweise, 3.) die Zweckmäßigkeit der Methode der sogenannten „Isolation" als Unterlage für die Synthese zur ganzheitlichen Betrachtungsweise und 4.) die speziellen Aufgaben der Mathematik als Hilfsmittel für die Naturwissenschaften.

Auerbach, F.	Die graphische Darstellung, Leipzig und Berlin 1914
Bertalanffy, L. v.	Theoretische Biologie. Bd. 2, Berlin-Zehlendorf 1942
Cuvillier, A.	Manuel de Philosophie. Tome II, Première Partie. Chap. I–VI, Paris 1932
Hartmann, M.	Einführung in die Allgemeine Biologie, Berlin 1956
Kisskalt, K.	Theorie und Praxis der Medizinischen Forschung. München-Berlin 1944
Koller, S.	Allgemeine statistische Methoden in speziellem Blick auf die menschliche Erblehre. In: Just., G.: Handbuch der Erbbiologie des Menschen. Bd. 2, Berlin 1940
Planck, M.	Vorträge: Dynamische und statistische Gesetzmäßigkeit – Physikalische Gesetzlichkeit – Positivismus und reale Außenwelt – Wissenschaft und Glaube – Die Kausalität in der Natur – Ursprung und Auswirkung wissenschaftlicher Ideen-Sinn und Grenzen der exakten Wissenschaft. In: Planck, M.: Wege zur physikalischen Erkenntnis, Leipzig 1944
Poincaré, H.	Der Wert der Wissenschaft (Deutsch von E. und H. Weber), Leipzig 1906
– – –	Wissenschaft und Hypothese (Deutsch von F. und L. Lindemann), Leipzig 1906
Schmidt, O.	Die Diagnose des Schulkindes. In: Schulärztliche Fragen. Schriftenreihe aus dem Gebiete des öffentlichen Gesundheitswesens, Heft 6, Stuttgart 1957
Volkmann, P.	Erkenntnistheoretische Grundzüge der Naturwissenschaften, Leipzig u. Berlin 1910
Wellstein, J.	Grundlagen der Geometrie. § 13. Das Wesen der Grundbegriffe. § 14. Die Anschauung. In: Weber, H. und Wellstein, J.: Encyklopädie der Elementar-Mathematik. Bd. 2, Leipzig u. Berlin 1915.

B. Für die Deutung der Befunde in engere Erwägung gezogene Literatur:

Arnold, A. — Körperentwicklung und Leibesübungen, Leipzig 1931

Bober, H. — Schulkinderuntersuchung im Fläming, Zeulenroda 1937

Bober, H. u. Scholz E. — Das Reifungsgeschehen bei Jugendlichen. Z. Rassenkunde *14*, (1944) 113.

Brandenburger, E. — Die Körper der jugendlichen Konstitutionstypen vom 14. bis 18. Lebensjahr, Diss. Bonn 1961

Brock, J. — Biologische Daten für den Kinderarzt, Berlin-Göttingen-Heidelberg 1954

Burmeister, W. — Über eine neue Bezugsgröße im Säuglings- und Kindesalter. Ann. Paediat. (Basel) *191* (1958) 236

Coerper, C., Hagen, W. u. Thomae, H. — Deutsche Nachkriegskinder, Stuttgart 1954

Curtius, F., Schlotter H. u. Scholz, E. — Tabes dorsales, Leipzig 1938

Falkner, F. — Some physical measurements in the first three years of life. Arch. Dis. Childh. *33* (1958) 167

— — — The physical devėlopment of children. Pediatrics *29*, March 1962

Hansman, Ch. F. u. Maresh, M. M. — A longitudinal study of skeletal maturation, American Journal of Diseases of Children, *101* (1961) 59 (305)

Neurath, H. — Die Pubertät, Wien 1932

Pfaundler, M. v. — Körpermaßstudien an Kindern, Berlin 1916

Portmann, A. — Biologische Fragmente zu einer Lehre vom Menschen, Basel 1951. – Zoologie und das neue Bild vom Menschen, Hamburg 1956

Scholz, Ch. u. Scholz, E. — Das individuelle Sollwachstum von Körpergewicht und Körperlänge im Säuglingsalter. Z. Kinderheilk. *77* (1955) 107

— — — Die Plus- und Minusvariante des Gewichtsansatzes im 1. Trimenon. Z. Kinderheilk. *81* (1958) 271

— — — Wachstumsdynamische Beobachtungen zum individuell accelerierten und retardierten Körperlängenwachstum in den ersten 6 Lebensjahren. Ann. Paediat. *195* (1960) 100

Scholz, E. — Das individuelle Sollwachstum von Körpergewicht und Körperlänge im Kleinkind- und Schulalter. Z. Kinderheilk. *79* (1957) 94

— — — Die Sonderstellung des Brustumfangwachstums und seine Bedeutung für die Phaseneinteilung des Wachstums. Z. Kinderheilk. *80* (1957) 123

— — — Zum Problem des sogenannten Habituswandels im Schulkindalter. Z. Kinderheilk. *80* (1958) 451

— — — Die Bedeutung des extracellulären Flüssigkeitsvolumens für die wachstumsgesetzliche Sonderstellung des Säuglingsalters. Z. Kinderheilk. *84* (1960) 412

Schreiber, D. — Die Körper der kindlichen Konstitutionstypen vom 6. bis 10. Lebensjahr, Diss. Bonn 1958

Stuart, H. S. u. Stevenson, S. — Tabelle der Normalmaße. Wissenschaftliche Tabellen 1953 der Geigy A. G., Basel

Tanner, J. M. — Wachstum und Reifung des Menschen (Deutsch von K. H. Weber), Stuttgart 1962

Zeller, W. — Der erste Gestaltwandel des Kindes, Leipzig 1936

— — — Konstitution und Entwicklung, Göttingen 1952

GPSR Compliance

The European Union's (EU) General Product Safety Regulation (GPSR) is a set of rules that requires consumer products to be safe and our obligations to ensure this.

If you have any concerns about our products, you can contact us on ProductSafety@springernature.com

In case Publisher is established outside the EU, the EU authorized representative is:

Springer Nature Customer Service Center GmbH
Europaplatz 3
69115 Heidelberg, Germany

Batch number: 10682421

Printed by Printforce, the Netherlands